基于法拉第效应的方位传递技术

杨志勇　蔡伟　著

国防工业出版社

·北京·

内容简介

本书以作者多年的科学技术研究成果为基础,紧紧围绕基于法拉第效应的方位传递技术中调制信号对角度测量的影响这一核心问题,系统研究了不同调制信号驱动下的角度测量方法。全书内容包括三部分:首先阐述了基于正弦波磁光调制的角度测量方法,剖析了其测角精度不高、测角范围有限的本质,提出了诸多改进方法;然后研究了基于对称波形(正弦波、方波、三角波、锯齿波)以及半波信号调制的角度测量原理,分别构建了对称波形以及半波信号磁光调制下的角度测量模型,归纳了各自的优缺点以及角度测量规律;最后将多信号叠加复合磁光调制引入到角度测量中,分别构建了同类倍频信号、异类同频信号叠加复合调制下的角度测量模型,归纳总结了模型构建规律。

本书力求系统阐述基于法拉第效应的方位传递技术中调制信号对角度测量的影响这一问题,为光学工程等相关专业人员提供有价值的参考资料。

图书在版编目(CIP)数据

基于法拉第效应的方位传递技术/杨志勇,蔡伟著.
— 北京:国防工业出版社,2021.6
ISBN 978 – 7 – 118 – 12340 – 1

Ⅰ. ①基⋯ Ⅱ. ①杨⋯ ②蔡⋯ Ⅲ. ①方位角测量
Ⅳ. ①P212

中国版本图书馆 CIP 数据核字(2021)第 106590 号

※

国防工业出版社出版发行

(北京市海淀区紫竹院南路 23 号 邮政编码 100048)
三河市德鑫印刷有限公司印刷
新华书店经售

*

开本 710×1000 1/16 插页 2 印张 10 字数 175 千字
2021 年 6 月第 1 版第 1 次印刷 印数 1—1500 册 定价 79.00 元

(本书如有印装错误,我社负责调换)

国防书店:(010)88540777　　书店传真:(010)88540776
发行业务:(010)88540717　　发行传真:(010)88540762

前　　言

　　基于法拉第效应的角度精确测量技术,是指利用光的偏振和法拉第效应测量位于不同水平面上的无机械连接的设备之间的水平方位角,然后通过控制系统使设备方位同步,最终达到精确对准的目的。作为一种新型、基于光学的无机械接触式角度测量方法,具备测量精度高、非接触、自动化程度高等优点,使其在武器装备方位角精确测量与传递、航天器交汇对接、近地浮空器姿态精确测量与控制等军用、航天领域以及在科学研究、工业、医疗、生物、化学等诸多领域均有广阔的应用前景。

　　基于法拉第效应的角度精确测量技术,本质是基于马吕斯定律和法拉第磁光效应的偏振光信号检测,核心是磁光调制中的法拉第效应,由于磁光调制过程涉及光、电、磁、温等多个物理场以及物质与多物理场之间的耦合问题,使得精确描述调制过程极其复杂。经研究发现,调制信号的变化、调制器内部磁场的精确描述、磁光材料维尔德常数、调制器内部温升、光信号的非线性效应等因素均影响角度的测量精度,制约着该技术的发展与应用。

　　本人长期从事基于法拉第效应的角度精确测量技术研究,先后主持、参与了与之密切相关的多项国家自然科学基金项目、军队内部科研项目、国防科技发展领域基金等,在研究工作中积累了大量的理论知识以及一定的实践经验,并形成了一系列创新思路,本书即是本人关于调制信号对角度测量影响的一系列思考与总结,对关注磁光调制应用以及角度精确测量的研究人员有一定的参考价值。

　　本书紧紧围绕调制信号对角度测量的影响这一核心,首先分析了传统基于正弦波磁光调制的角度测量方法,指明了其存在测量误差的原因,并提出了改进方法;然后分别构建了单对称波形(正弦波、方波、三角波、锯齿波)以及半波信号磁光调制下的角度测量模型,对比归纳了其优缺点以及角度测量规律;最后将多信号叠加复合磁光调制引入到角度测量中,分别建立了同类倍频信号、异类同频信号叠加复合调制下的角度测量模型,并归纳总结了模型构建规律。

　　本书内容反映了作者在该方向的一系列创新思路,所建模型均已经过严格的数学推导和仿真验证。为了确保论述内容的完整性并易于理解,在本书撰写过程中引用了部分前人的研究成果和一些国内外的相关论述,书中对主要参考文献已进行了标注,在此谨向原著作者以及为这一领域发展做出贡献的科研人员致以诚挚的敬意。

在本书撰写过程中,黄先祥院士、张志利教授、蔡伟教授、周召发教授对本书内容提出了一系列修改意见,在此谨向以上专家致以衷心的谢意。课题组的赵晓枫副教授、赵军阳副教授、潘旺华讲师、李洪才讲师等给了我无私的支持与帮助,中国科学院西安光学精密机械研究所的王卫峰高级工程师等在工程实践方面提出了很好的建议,伍樊城、邢俊晖、许友安、赵钟浩、宋俊辰等同志在课题研究和本书校对中也付出了辛勤的努力,在此一并深表谢意。另外,还要感谢我的妻子王水玲女士和儿子杨晨轩、杨晨熙小朋友对本人工作的理解以及为家庭的付出,并感谢我的父母等亲人对我的支持和期盼,在此谨向家人们致以衷心的祝福。

磁光学是一门年轻的学科,本人的教学科研经历有限,上述理论和实践难免有不少缺点,乃至错误之处,诚请读者批评指正。

杨志勇

2020 年 9 月

目　　录

第1章　绪论 ··· 1

1.1　基于法拉第效应的方位传递技术定义及应用背景 ············· 1

1.2　国内外相关技术研究现状 ······························· 1

 1.2.1　法拉第效应研究现状 ····························· 1

 1.2.2　方位传递技术现状 ······························· 5

 1.2.3　基于法拉第效应的方位传递技术 ··················· 7

1.3　本书主要内容 ······································· 8

第2章　基于正弦波磁光调制的传统方位传递系统

   分析与改进 ······································· 11

2.1　传统方位传递系统原理及剖析 ························· 11

 2.1.1　传统方位传递系统原理 ························· 11

 2.1.2　传统方位传递系统原理剖析 ····················· 16

2.2　传统方位传递系统误差分析 ··························· 17

 2.2.1　基于基频信号的方位测量模型 ··················· 17

 2.2.2　基于倍频信号的方位测量模型 ··················· 18

 2.2.3　测量模型对比分析 ····························· 20

2.3　基于三角函数表示的方位精确测量方法 ················· 22

 2.3.1　方位精确测量模型 ····························· 22

 2.3.2　方位精确测量模型分析 ························· 23

2.4　基于升幂运算的方位测量方法 ························· 24

 2.4.1　基于升幂运算的方位测量模型 ··················· 25

 2.4.2　方位测量方案 ································· 27

 2.4.3　方法测量模型分析 ····························· 29

第3章　基于正弦波磁光调制的方位测量新方法 ·················· 31

　3.1　基于混合信号的方位测量方法一················· 31

　　3.1.1　方位测量模型················· 31

　　3.1.2　方位测量模型的确定················· 33

　　3.1.3　测量模型分析················· 35

　3.2　基于混合信号的方位测量方法二················· 37

　　3.2.1　方位测量模型················· 37

　　3.2.2　方位测量方案················· 39

　　3.2.3　测量模型分析················· 41

　3.3　基于混合信号的方位测量方法三················· 43

　　3.3.1　调制后混合信号分析················· 43

　　3.3.2　方位测量模型················· 45

　　3.3.3　方位测量方案················· 46

　　3.3.4　测量模型分析················· 50

　3.4　基于组合策略的方位测量方法················· 52

　　3.4.1　方位测量模型················· 52

　　3.4.2　方位测量方案················· 53

　　3.4.3　测量模型分析················· 54

第4章　基于对称波形磁光调制的方位测量 ·················· 56

　4.1　基于方波磁光调制的方位测量················· 56

　　4.1.1　基于交流信号的方位测量方法················· 56

　　4.1.2　基于混合信号的方位测量方法················· 62

　4.2　基于三角波磁光调制的方位测量················· 68

　　4.2.1　基于交流信号的方位测量方法················· 68

　　4.2.2　基于混合信号的方位测量方法················· 73

　4.3　基于锯齿波磁光调制的方位测量················· 74

　　4.3.1　基于交流信号的方位测量方法················· 74

　　4.3.2　基于混合信号的方位测量方法················· 75

　4.4　基于对称波形磁光调制的方位测量规律················· 76

第 5 章　基于半波波形磁光调制的方位测量 ······· 79

　5.1　基于半波方波磁光调制的方位测量 ······· 79

　　5.1.1　基于混合信号的方位测量方法 ······· 79

　　5.1.2　基于交流信号的方位测量方法 ······· 85

　5.2　基于半波三角波磁光调制的方位测量 ······· 86

　　5.2.1　基于交流信号的方位测量模型 ······· 86

　　5.2.2　基于混合信号的方位测量方法 ······· 88

　5.3　基于半波锯齿波磁光调制的方位测量 ······· 89

　　5.3.1　基于交流信号的方位测量方法 ······· 89

　　5.3.2　基于混合信号的方位测量方法 ······· 91

　5.4　基于半波正弦波磁光调制的方位测量 ······· 92

　　5.4.1　基于交流信号的方位测量方法 ······· 92

　　5.4.2　基于混合信号的方位测量方法 ······· 94

　5.5　基于半波波形磁光调制的方位测量规律 ······· 95

第 6 章　基于同类倍频信号叠加复合调制的方位测量 ······· 97

　6.1　基于倍频正弦波叠加复合调制的方位测量 ······· 97

　　6.1.1　方位测量原理 ······· 97

　　6.1.2　构建方位测量模型的可行性分析 ······· 100

　　6.1.3　基于倍频正弦波叠加复合调制的方位测量规律 ······· 105

　6.2　基于倍频方波叠加复合调制的方位测量 ······· 106

　　6.2.1　方位测量原理 ······· 106

　　6.2.2　构建方位测量模型的可行性分析 ······· 107

　　6.2.3　基于倍频方波叠加复合调制的方位测量规律 ······· 114

　6.3　基于倍频三角波叠加复合调制的方位测量 ······· 114

　　6.3.1　方位测量原理 ······· 114

　　6.3.2　构建方位测量模型的可行性分析 ······· 117

　　6.3.3　基于倍频三角波叠加复合调制的方位测量规律 ······· 123

第 7 章　基于异类同频信号叠加复合调制的方位测量 ······· 125

　7.1　基于同频正弦波三角波叠加复合调制的方位测量 ······· 125

　　　7.1.1　方位测量原理 ·· 125

　　　7.1.2　测量结果分析 ·· 131

　　7.2　基于同频正弦波方波叠加复合调制的方位测量 ············· 132

　　　7.2.1　方位测量原理 ·· 132

　　　7.2.2　测量结果分析 ·· 137

　　7.3　基于同频三角波方波叠加复合调制的方位测量 ············· 139

　　　7.3.1　方位测量原理 ·· 139

　　　7.3.2　测量结果分析 ·· 144

参考文献 ·· 147

第1章 绪 论

本章主要阐述基于法拉第效应的方位传递技术的定义、相关技术的国内外研究现状以及本书的内容安排。

1.1 基于法拉第效应的方位传递技术定义及应用背景

基于法拉第效应的方位传递技术,是指利用光的偏振和磁光调制中的法拉第效应测量位于不同水平面上的无机械连接的设备之间的水平方位角,然后通过控制系统使设备方位同步,最终达到精确对准的目的[1]。

作为一种新型、基于光学的无机械接触式高精度角度测量方法,具备测角精度高、非接触、自动化程度高等优点。该技术的发展进步,将大大促进航天器交汇对接[2-3]、武器装备角度精确测量[1,4-7]、空间武器姿态精确测量与控制[8]等军用、航天领域的发展。同时,该技术在科学研究、工业和医疗中也有广泛的应用前景,也是生物和化学领域以及新兴的生命科学领域中重要的测量手段[9],如物质的控制、糖分测定、不对称合成化合物的纯度测定、制药业中的产物分析和纯度检测、医疗和生化中酶作用的研究、生命科学中核糖和核酸的研究以及生命物质中左旋氨基酸的测量。

1.2 国内外相关技术研究现状

根据定义可知,基于法拉第效应的方位传递技术主要涉及法拉第效应和方位传递两项关键技术,以实现无机械连接的设备间方位高精度传递为目的。

1.2.1 法拉第效应研究现状

法拉第效应,即线偏振光通过磁光介质时,若其传播方向与介质磁化强度矢量共线,光的偏振面会发生旋转[10]。

针对法拉第效应本身的研究,国外主要集中在以下几点。

(1)研究调制信号强度—磁场强度—法拉第旋转角的关系,并以此为基础

1

计算法拉第旋转角或者磁场强度。例如,塞尔维亚的 P. Mihailovi 利用实验不仅验证了三者之间的关系,还利用起偏器、检偏器处于特殊位置时的消光现象反推了磁场强度[11];美国的 S. E. Clark 等,以高维尔德(Verdet)常数的顺磁法拉第玻璃作为磁光材料,利用两个关系固定的检测器从不同位置采集调制后的信号,并经过一定算法处理后成功得到了低密度纤维蛋白酶中的磁场分布[12];美国的 A. D. White 等利用调制信号强度—磁场强度—法拉第旋转角之间的关系,选用两个互相垂直的检偏器分别检测调制后快轴、慢轴的光信号,并增加了坐标变化环节对采集的信号进行转换,最终实现了磁场强度和调制信号变化的精确测量[13];法国的 O. Brevet - Philibert 利用磁光调制后的基频信号和二倍频信号反推得到了法拉第旋转角,并对测量误差进行了分析[14]。

(2)分析调制信号波形、强度、调制方式以及外界环境温度等对调制后信号的影响。例如,日本的 K. Kikushima 等研究了调制波形、输入信号强度、调制方式三者组合对调制后输出信号的影响,并指出级联调制优于传统单信号连续调制[15];美国的 B. M. Schmidt 等研究了环境温度、调制信号频率对调制后信号的影响[16];美国的 P. Menke[17]和 P. A. Williams[18]分别研究了温度对法拉第旋光效应的影响,并提出了消除温度影响的方案。

(3)调制系统中激光光源稳定性研究。此方面的研究主要是日本学者在进行,如 K. Muroo[19]、M. Higaki[20]和 T. Imamura[21]针对光源强度起伏对系统的影响,分别设计了光源光强补偿系统,保证了光源频率稳定性,增强了信号强度。

(4)利用法拉第磁致旋光效应设计新型磁光调制器。例如,日本的 S. Moyerman 等利用法拉第磁致旋光效应设计了一种宽带、线性偏振调制器,并进行了各项性能测试[22];美国的 Yang Chiaen 等研究了一种调制速度达 1ns 的超速磁光调制器[23];韩国的 S. Y. Kim 提出仅仅通过旋转检偏器的方式,建立了调制后信号强度与检偏器旋转角之间的关系[24]。

关于法拉第效应的应用方面,主要是利用调制信号强度—磁场强度—法拉第旋转角三者之间的关系对各种物理参量进行测量,体现在以下几个方面。

(1)测量各种磁光材料的性能参数。例如,瑞典的 U. Holm 等利用法拉第磁致旋光效应,选用两个相互正交的检偏器,设计了一套磁光材料参数、特性测量系统[25];加拿大的 Zhang Pengguang 和 D. Irvine - halliday 利用法拉第磁致旋光效应,提出了一种无破坏性的磁光材料长度精确测量方法,并通过实验进行了可行性验证[26-27];西班牙的 R. P. Real 等利用法拉第旋转角,实现了调制信号大频率范围内变化时磁光材料的磁系数测量[28];意大利的 Chen Qiuling 等利用法拉第磁致旋光效应测量了不同材料的 Verdet 常数,并以此为基础研究了 Verdet

常数与物质成分之间的关系[29];日本的 Y. Okamura 等利用法拉第磁致旋光效应设计了一种磁光调制系统测量材料的性能参数,并研究了磁系数与光源波长的关系[30];S. M. Hamidi 等利用法拉第磁致旋光效应对 Ce:YIG 材料进行了各种性能测试[31]。

（2）利用调制信号强度—磁场强度—法拉第旋转角三者之间的关系,以较低成本对大范围内调制信号电流进行精确测量,并将此运用于变压器等大电压、大电流场合中或者研究电流分布。例如,英国的 S. P. Bush 等设计了一套光路串联系统,能够同时测量两个互相独立的调制系统中调制电流的强度[32];比利时的 A. V. Itterbeek 等根据消光状态测量精度最高的原理,控制起偏器、检偏器之间的夹角与法拉第旋转角之和近似为 45°（消光）,从而提高旋转角的测量精度,实现了调制信号电流的精确测量[33];墨西哥的 J. L. Flores 等研究了光波偏转角与调制信号电流之间的关系,使用圆偏振光建立了法拉第旋转角测量模型,采用同步检测方法,保证了大范围内法拉第旋转角与调制信号电流之间更佳的线性关系,通过与传统积分检测方法对比,表明该方法测量精度更高[34];智利的 N. Correa 等利用磁光调制下光线在闭环回路中传播时法拉第旋转角的计算公式,设计了一种低成本的四方回路系统,验证了法拉第旋转角与调制电流之间的关系,并与传统方法进行了对比试验[35];日本的 T. Sato 和 T. Fujimoto 分别利用磁光调制下光线在闭合环路中传播时法拉第旋转角的表达式,实现了变压器中 8000A 调制电流强度的测量[36-37];美国的 G. S. Sarkisov 等利用立方分光镜分开调制后的信号,并采用 CCD 同时测量分开的调制后信号,经过一定的运算处理,实现了水中电流分布的测量[38]。

（3）其他物理量的测量。例如,印度的 S. C. Bera 等利用法拉第磁致旋光效应中法拉第旋转角与磁场的关系,实现了磁场中位移量的精密测量[39];Y. Didosyan 等利用磁光调制精确测量力学量[40];R. D. Medford 等采用简易设备,利用法拉第磁致旋光效应测量了血液在纵向磁场中的瞬时变化[41];美国的 B. Brumfield 等利用法拉第磁致旋光效应,提出了一种低功耗氧气含量检测方法[42]。

目前,国内关于法拉第效应相关技术研究主要集中在偏振检测的应用[10],具体体现在 3 个方面:磁光材料、调制波形的选择和系统温度适应性研究。

磁光材料研究是磁光调制技术中的研究热点,目前对磁光材料的研究主要集中在寻求新材料、改善材料性能、提高材料的温度稳定性、提高法拉第旋转角和增加线性范围等方面[10]。国内多名学者对磁光材料进行了研究,如陕西科技大学的章春香等研究了不同 Tb_2O_3 掺量的 GBS（$Ca_2O_3 - B_2O_3 - SiO_2$）和 ABS（$Al_2O_3 - B_2O_3 - SiO_2$）磁光玻璃的形成性能、稳定性能、Verdet 常数和折射率[43];同一学校的殷海荣等阐述了高 Verdet 常数 Faraday 玻璃的具体应用以及研究中存在的问题[44],制备了硼硅酸盐系稀土 Tb_2O_3 磁光玻璃,并讨论了 Tb_2O_3 对玻璃形成区及物理化学性质的影响[45];重庆大学的杜林等对铁磁流体的特性进行了初步研究并与块状玻璃磁光介质做了比较[46];浙江大学的张溪文等研究了复合稀土铁石榴石单晶 ReYbBiIG(Re: Tb^{3+} 、Ho^{3+} 、Y^{3+})的特性[47]。

华中科技大学的 Yang Jiaou 等研究了正弦波磁光调制,利用调制后信号中的基频和二倍频信号计算得到了法拉第旋转角,并得出结论:旋转角随着调制信号的增强而增大,随着调制信号频率的升高而减小[48];上海科技大学的 Jia Hongzhi 等在传统磁光调制系统中调制器后面增加了标准试块,通过分析调制后信号的周期特点,推导建立了法拉第旋转角测量模型,并进行了试验验证[49];上海大学的石志东等针对磁光调制在双折射多孔光纤拍长测量中的应用,研究了给定磁隙宽度和磁场强度情况下,起偏方式与检偏方式对拍长测试灵敏度的影响[50-51];浙江大学的张守业等利用磁光调制倍频法测得了 GdBiIG 单晶近红外波段磁光法拉第旋转谱,基本排除了光源幅度变化和被测样品透射率大小等因素对测量结果的影响[52];清华大学的张建华等对现有自动椭偏仪的部分偏振消光测量系统进行了改进,采用新型磁光调制材料,设计了新的磁光调制器和驱动电路,对偏振光进行直流、交流叠加调制,消光角测量的重复性标准差大大减小[53]。

关于调制波形的选择相关研究主要由西北大学光子学与光子技术研究所的李永安、李小俊等完成。他们分别对正弦波、三角波、锯齿波及方波磁光调制进行了计算机模拟,分析了各自的特性,并将方波信号磁光调制的计算机模拟与其他几种波形的磁光调制模拟进行了对比分析,指出方波信号磁光调制在偏振角度检测方面具有独特的优势[10,54-60]。

由于系统工作一段时间后温升现象引起角度信号漂移,因此有必要研究系统的温度适应性,减小温升引起的误差。但目前可查阅的资料很少,清华大学的成相印等用有限元法对磁光调制器的热特性和温度分布进行了计算分析,在理论计算的基础上对磁光调制器进行了改进,使开机后的预热时间缩短了 60% ,磁光介质的温升降低了 30%[61];清华大学的郭继华等介绍了一种新型结构磁光调制器,能够显著减小磁光材料的温升,降低因温度效应引起的测量偏移[62];西北工业大学的底楠等测量了 Tb_{20} 顺磁性玻璃在 293～343K 温度范围内的本征旋转和 Verdet 常数的温度响应特性,给出了两种温度补偿方法[63];西北大学的王益军等提出用永磁片代替传统通电螺线圈产生磁场的方案,它不会产生热量,能够消除热效应引起的角度信号漂移,并通过实验测量了磁场的分布特点,最终测出了 292K 温度下 LaK_2 、LaK_3 、Tb_{20} 、Tb_{25} 、ZF_6 玻璃的 Verdet 常数,推动了该研究的发展[64];中国科学院西安光学精密机械研究所的郑宏志等通过对磁光材料特性及温漂的成因分析,采用直接读出解调和方位随动测角的方法,有效降低了由 Verdet 常数变化引起的方位角变化,使得系统能够在无需补偿和预热的情况下实时测量,提高了方位测量精度[65]。

关于法拉第效应应用层面的研究,国内主要有以下几个方面。

(1)测量磁光材料的参数。例如,中国科学院上海硅酸盐研究所的仇萍荪等用法拉第磁致旋光效应测量了不同 La 含量的 PLZT(x/65/35)透明铁电材料在电场下的双折射 Δn,并发现 Δn 随 La 含量的增加而下降的规律[66];中国科学院西安光学精密机械研究所的吴易明等针对磁光玻璃材料内应力的测量需求,提出了一种采用磁光调制技术,进行高准确度应力双折射检测的新方案[67]。

(2)测量物质的参数。例如,首都师范大学的钱小陵等利用磁光调制技术设计了一种偏振光微小旋转角的测量装置,成功实现了对薄膜样品的克尔效应、药物原料的旋光效应和化学试剂 Verdet 常数的观测、测量[9];我国台湾省的 Lin Weilian 等将斯托克斯参数与遗传算法相结合,采用更换偏振方向的方式测量了稀薄物质的各种参数[68];台湾省的 Lin Chuen 等利用法拉第磁致旋光效应,设计了一套多频率、同时起偏检偏的测量装置,通过对装置中多个环节的设计保证了系统测量精度,成功测量了微弱磁场下空气的 Verdet 常数[69];西安理工大学的王全保利用法拉第磁致旋光效应设计了一套直线度测量系统[70];南京邮电大学的沈骁等提出了一种同时测量二元溶液中两种溶质浓度的光学检测方法[71];东北大学的杨伟红等提出了基于磁致旋光效应的油雾浓度检测方法[72]。

(3)测量高压设备中的高电压、大电流。例如,绵阳物理研究所的 Deng Xiangyang 等利用法拉第磁致旋光效应,根据调制后信号的组合关系解算调制电流,并应用于大电流检测[73];台湾省的 Lin Hermann 等人提出了一种调制电流精确测量方法,通过在磁光调制系统中增加 1/4 延迟镜片和 22.5°旋转棱镜增加信号的灵敏度,采用米勒矩阵推导建立了调制后信号模型,用第一类贝塞尔函数展开调制后信号并省略二阶以上高阶项的方法实现了调制信号变化量的测量,该方法可用于高电压测量,系统稳定、精度较高[74]。

(4)用于近地航空设备的姿态测量控制。例如,国防科技大学光电科学与工程学院的杨雨川等阐述了磁光调制技术在近地浮空器姿态校正中的应用,并分析了其主要影响因素[7]。

1.2.2 方位传递技术现状

对国外而言,苏联的 SS-20、SS-25 等导弹采用了方位垂直传递技术;

20世纪80年代初,美国为了解决从铁路机动发射装置上发射"民兵"导弹的瞄准问题,研制了采用方位传递技术的自动瞄准系统[75]。国内关于传递技术的报道有几何光学法和物理光学法。

1. 几何光学法

如图1.1所示,A_1和A_2是两个激光器,安装在上仪器上,它们发出的光线可以近似认为是一条直线;B_1和B_2是两个光电接收器件,安装在下仪器上,上、下仪器平行并且都可以绕OO'轴旋转,在平行于水平面的两个平面上,直线A_1A_2、B_1B_2分别代表上、下仪器的方向。

调整上、下仪器的位置,使上、下仪器在对准状态时,A_1发出的光线恰好被B_1接收,A_2发出的光线恰好被B_2接收,则在水平方向上,直线A_1A_2的方向与直线B_1B_2的方向相同。当上仪器绕OO'轴转过一定角度时,驱动下仪器跟踪转动,使B_1、B_2分别接收到A_1、A_2的光,这样就实现了上、下仪器之间的水平方位同步。

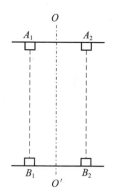

图1.1　几何光学方法

这种方法结构简单,容易实现,但是难以克服空气扰动的影响。当上、下仪器之间的空气不均匀时,在空气中传播的光线就会发生偏折,不再沿着直线传播,这就是空气扰动带来的误差。传播距离越长,空气扰动影响越大。

另外一种几何光学方法是利用大面阵CCD摄像机摄取目标并通过图像处理的办法实现上、下仪器之间的方位同步,这种方法图像处理信息量大,系统响应较慢,精度受探头分辨限制较大,对探头要求较高。因此,利用几何光学法不容易达到高精度方位传递。

2. 物理光学法

物理光学法主要是利用光的偏振特性实现上、下仪器之间的水平方位同步。为了达到同步精度要求,需要对上仪器发出的线偏振光进行调制。根据信号调制方法的不同分为电光调制、磁光调制两种方法,其中基于磁光调制的方位传递技术是本书阐述的重点。

电光调制:当沿着线偏振光的传播方向施加调制电压时,线偏振光的偏振面将发生旋转,旋转角度与施加的调制电压成正比[76-77]。基于电光调制的方位传递研究主要由北京邮电大学的范玲、宋菲君等完成,他们分析了电光调制偏振光的机理,完成了基于电光调制的方位信息传递系统中光学系统的整体设计、各功能模块的设计和选配、系统调试、标定和稳定性试验,研制了原理样机,系统12h稳定性在5″以内,方位信息传递精度为20″[78-80];此外,南开大学物理科学院的王文倩、吕福云等利用晶体的线性电光效应,设计了一套光学系统获取发射装置与接收装置之间相对转动的方位信息,建立了出射的 o 光、e 光之间的强度差与发射、接收装置相对转角之间的关系,并对可能出现的误差进行了分析[81]。

基于电光调制的方位测量精度较高,但是调制电压大,对其他仪器干扰大。

将组合光调制(电光调制和磁光调制配合使用)应用到方位传递系统中目前还没有报道,仅有中国科学院电子学研究所的陈新桥、Chen Jidong 等做了关于组合调制本身调制方式的研究,他们采用矢量分析和矩阵分析两种方法详细分析了两种不同的组合调制方式:电光调制在前磁光调制在后、磁光调制在前电光调制在后,发现两种组合调制方式的输出光强信号不同,并对电光调制在前磁光调制在后的调制方式进行了应用性研究[82-86];北京航空航天大学的 Li Chang sheng 联合日本的 T. Yoshino 提出了一种基于方波电光调制在前、直流磁光调制在后的方位测量方法,采用两组偏振方向互相垂直的线偏振光交替工作作为光源,克服了光源抖动带来的影响[87],但是能否真正将组合光调制应用于方位传递系统中有待进一步研究。

1.2.3 基于法拉第效应的方位传递技术

当沿着线偏振光的传播方向施加调制磁场时,线偏振光的偏振面将发生旋转,旋转角度与施加的磁场强度成正比[76,77],基于法拉第效应的方位传递技术正是利用偏振面旋转角实现方位传递的。

根据调制信号波形的不同,目前基于磁光调制的方位测量研究中,仅有正弦波调制和方波调制取得了一定的研究成果。

针对正弦波磁光调制方位测量技术的研究,相对而言较多,日本的 M. Abe 等研究了正弦波磁光调制在方位测量中的应用,利用第一类贝塞尔函数展开调制后信号,采取截取二阶以上高阶项的方法计算方位角,并分析了小角度范围内温度、Verdet 常数对测量精度的影响[88];K. Yonekura 等设计了一套同时测量双折射和方位角的磁光调制系统,利用米勒矩阵和马吕斯定律推导调制后的信号,并用第一类贝塞尔函数展开调制后信号,采用基频、二倍频、直流信号相结合的方法计算方位角[89]。

在国内,基于正弦波磁光调制的方位传递系统主要由中国科学院西安光学精密机械研究所的高立民、董晓娜、马彩文、申小军等完成,他们研制了一套基于光的偏振和法拉第磁致旋光效应的方位垂直传递系统样机,实现了两台不在同一水平面、无机械连接设备之间方位角的测量和同步跟踪,给出了系统原理和设计方案,并对样机的检测精度进行了理论分析和大量测试[3-6];之后,郑宏志、马彩文通过对磁光材料特性及磁光温漂的成因分析,采用直接读出解调和方位随动测角的方法,降低了由 Verdet 常数变化引起的方位角变化,使系统在无需补偿和预热的情况下能够实时测量[65];吴易明、高立民等深入分析了磁旋光玻璃对方位测量精度的影响机理,理论上实现了高精度方位传递,给出了利用调制偏振光进行三维方位信息传递以及精密角度测量的实现方案,并对主要的技术问题给出了理论分析结果[90]。

基于方波磁光调制的方位测量技术研究比较少。日本的 K. Kikushima 等研究了方波磁光调制后输出信号的幅频特性[91],但没有研究其在方位测量中的应用;西北大学的李小俊等对方波信号磁光调制进行了计算机模拟,结合李萨如图形研究了调制信号与调制后信号之间的关系,并指出基于方波磁光调制的方位测量系统的方位测量精度可能更高[55,58,59],但是他们未对方波的磁光调制机理及其在方位测量中的应用情况等进行深入分析;仅有清华大学的 Li Shiguang 等将方波信号磁光调制引入到方位测量中,并实现了 ±30° 范围内的方位测量[92],但是他们建立的方位测量模型并不精确,系统测量范围有限。

1.3　本书主要内容

根据 1.1 节可知,作为一种高精度光学方位传递技术,基于磁光调制的方位传递技术在军事、航天、高精尖武器方位信息测量与传递方面均有广阔的应用前景。根据当前国内外的研究现状,本书主要从磁光调制信号入手,首先结合现有武器装备技术水平,针对传统基于正弦波磁光调制的方位传递技术存在的方位传递精度不高、方位角测量范围受限等问题,提出了相应的改进措施,提高了方位传递精度;其次将方波、三角波、锯齿波信号磁光调制引入到方位传递中,构建了相应的方位测量模型,并总结归纳了对称波形磁光调制的方位测量规律;再次分别分析了半波正弦波、半波方波、半波三角波、半波锯齿波信号磁光调制在方位传递中的应用情况,归纳了其方位测量规律;最后将多波形叠加复合调制引入方位传递中,并进行了初步探讨。主要内容如下。

（1）基于正弦波磁光调制的传统方位测量技术原理剖析及改进。阐述了基于正弦波磁光调制的传统方位测量系统的工作原理,并初步剖析了系统方位测量精度不高、方位测量范围受限的原因;分析了信号截断误差对方位测量精度的影响,提出了基于三角函数表示的方位精确测量方法,并通过引入升幂运算,扩大了方位测量范围。

（2）基于正弦波磁光调制的方位测量新方法研究。针对磁光调制后混合信号成分特点,首先提出了3种方位测量新方法,并分别构建了方位测量模型,分析了方位测量模型的特点;然后根据调制后混合信号中交流信号与直流信号的比值变化特点,找到了传统方法中方位测量范围不大的本质原因,并以此为基础提出了基于组合策略的方位测量方法,有效扩大了方位测量范围。

（3）基于对称波形磁光调制的方位测量研究。以正弦波磁光调制方位测量技术为基础,分别将方波、三角波、锯齿波磁光调制引入到方位测量中,建立调制信号模型和调制后信号模型,通过分析调制后信号特性,探讨建立方位测量模型的可行性。最终通过总结对比,得到基于对称波形磁光调制的方位测量规律,并得出结论:基于正弦波磁光调制的传统方位测量经过改进后,目前仍最具有实际应用价值。

（4）基于半波波形磁光调制的方位测量研究。分别将半波正弦波、半波方波、半波三角波、半波锯齿波磁光调制引入到方位测量中,建立调制信号模型和调制后信号模型,通过分析调制后信号特性,探讨建立方位测量模型的可行性。针对建立的方位测量模型,分析对比方位测量精度和测量范围,对于不能建立方位测量模型的情况,探究其原因。最终通过总结对比,得到基于半波波形磁光调制的方位测量规律。

（5）同类倍频信号叠加复合调制在方位测量中的应用研究。在进行单波形磁光调制在方位测量中的应用研究基础上,提出了多波形叠加复合调制的概念,重点分析了同类、倍频、同相位正弦波、方波、三角波分别与自身基频信号叠加复合调制在方位测量中的应用。构建了复合调制信号、调制后信号模型,通过对调制后信号成分分析,依据调制后交流信号中极值点与方位角的关系,建立了方位测量模型;通过仿真给出了同类、不同倍频信号自身叠加复合调制的方位测量规律。

（6）异类同频信号叠加复合调制在方位测量中的应用研究。针对同频、同相位正弦波三角波叠加、正弦波方波叠加、方波三角波叠加复合调制,分别建立复合调制信号、调制后信号模型,通过对调制后信号与传统方法中相应信号的成分对比分析,讨论了利用调制后交流信号与方位角的关系建立方位测量模型的可行性,分析了构建的方位测量模型。

本书具体内容安排如下:第 1 章为绪论;第 2 章为基于正弦波磁光调制的传统方位传递系统分析与改进;第 3 章为基于正弦波磁光调制的方位测量新方法;第 4 章为基于对称波形磁光调制的方位测量;第 5 章为基于半波波形磁光调制的方位测量;第 6 章为基于同类倍频信号叠加复合调制的方位测量;第 7 章为基于异类同频信号叠加复合调制的方位测量。

第2章 基于正弦波磁光调制的传统方位传递系统分析与改进

本章首先阐述了传统基于正弦波磁光调制的方位传递系统的组成、工作原理,并初步分析了传统方法存在的缺点;然后针对传统方法存在的方位传递精度不高的问题,结合贝塞尔函数分析构建了信号截断误差对方位传递精度的影响模型,并提出了一种基于三角函数表示的方位精确测量方法,消除了传统方法中信号截断误差的影响,提高了方位测量精度;最后针对传统方法方位测量范围受限的问题,将升幂运算引入到基于三角函数表示的方位精确测量方法中,达到了扩大方位测量范围的目的。

2.1 传统方位传递系统原理及剖析

苏联的 SS - 20、SS - 25 等导弹的瞄准系统均采用了方位传递技术,如图 2.1 所示,瞄准系统由上仪器、下仪器、全自动陀螺罗盘、自动调平系统等组成,方位传递部分主要由上仪器的垂直传递光学调制、光路保护装置以及下仪器等完成。瞄准系统工作时,首先完成自动调平,并由全自动陀螺罗盘实施寻北,给出北向基准,并通过方位传递设备完成方位传递;然后由自准直光管完成与弹上棱镜的对准,从而完成水平瞄准任务。

2.1.1 传统方位传递系统原理

图 2.1 中的方位传递部分是采用正弦波磁光调制实现方位角的测量与传递的,具体原理如图 2.2 所示。上仪器中激光器发出的激光经过起偏器后成为线偏振光,当线偏振光通过调制器中磁致旋光材料时,在正弦波调制信号产生的同频交变磁场作用下,发生法拉第磁致旋光效应,光波偏振面发生偏转,实现了偏振光信号的调制。调制后信号携带有上、下仪器之间的方位信息,并传输到下仪器的检偏器、聚光镜、光电转换部分。下仪器中信号检测与处理系统对光电转换后的信号进行处理,结合上仪器中向下传输的正弦波调制信号,提取出与方位信息对应的电信号,计算得到上、下仪器之间的方位角;此外,经过处理得到的方位

11

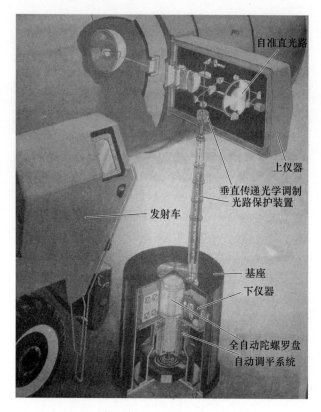

图 2.1 苏联 SS - 25 导弹瞄准系统原理图

信号还可以控制下仪器内部的步进电机转动,从而带动下仪器转动,逐渐完成上、下仪器之间的方位同步。

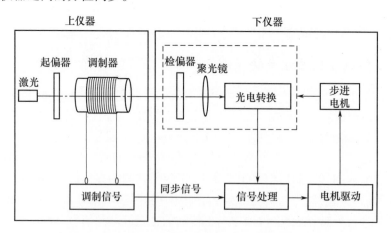

图 2.2 基于正弦波磁光调制的方位传递系统原理图

设

I_0——激光器发出的激光经过起偏器后的出射光强；

ω——调制器上加载的正弦波调制信号的角频率；

t——时间变量；

L——线偏振光在磁光材料中传播的有效距离；

V——磁光材料的维尔德（Verdet）常数；

B_m——调制器中磁感应强度的最大值；

m_f——调制度，单位是 rad，设定 $m_f = 2VB_mL$；

θ——光波偏振面的旋转角度，存在 $\theta = B_mLV\sin(\omega t) = \dfrac{1}{2}m_f\sin(\omega t)$；

α——上、下仪器之间的方位角。

根据马吕斯定律，结合系统工作原理，下仪器接收的调制后光信号，经光电转换、放大后的表达式为

$$u = ku_0 \cdot \sin^2(\alpha + \theta) \tag{2.1}$$

式中：k 为对信号的放大倍数；$u_0 = \eta \cdot I_0$，η 为量子转换效率。

将 $\theta = \dfrac{1}{2}m_f\sin(\omega t)$ 代入式（2.1），可得

$$u = \frac{k}{2}u_0\{1 - [\cos(m_f\sin(\omega t))\cos(2\alpha) - \sin(m_f\sin(\omega t))\sin(2\alpha)]\} \tag{2.2}$$

用第一类贝赛尔函数展开式（2.2）中的 $\cos(m_f\sin(\omega t))$、$\sin(m_f\sin(\omega t))$[93]，可得

$$\cos(m_f\sin(\omega t)) = J_0(m_f) + 2\sum_{n=1}^{\infty} J_{2n}(m_f) \cdot \cos(2n\omega t) \tag{2.3}$$

$$\sin(m_f\sin(\omega t)) = 2\sum_{n=1}^{\infty} J_{2n-1}(m_f)\sin[(2n-1)\omega t] \tag{2.4}$$

由于展开式（2.3）、式（2.4）是无穷项，使用不便，而且随着展开式中项数 n 的增加，展开式中的各系数 $J_n(m_f)$、$J_{2n-1}(m_f)$ 均急剧减小。因此，目前普遍采用省略展开式中二阶以上高阶项的方法进行近似逼近，即

$$\cos(m_f\sin(\omega t)) \approx J_0(m_f) + 2J_2(m_f)\cos(2\omega t) \tag{2.5}$$

$$\sin(m_f\sin(\omega t)) \approx 2J_1(m_f)\sin(\omega t) \tag{2.6}$$

将式（2.5）、式（2.6）代入式（2.2），得到

$$u \approx \frac{k}{2}u_0[1 - J_0(m_f)\cos(2\alpha) + 2J_1(m_f)\sin(2\alpha)\sin(\omega t) -$$
$$2J_2(m_f)\cos(2\alpha)\cos(2\omega t)] \tag{2.7}$$

当调制度 m_f 确定,且上下仪器之间的方位角 α 固定不变、时间变量 t 变化时,式(2.7)中的直流信号为

$$u_D = \frac{1}{2}ku_0 \left[1 - \cos 2\alpha J_0(m_f) \right] \tag{2.8}$$

交流信号为

$$u_A = \frac{1}{2}ku_0 \left[2J_1(m_f)\sin(2\alpha)\sin(\omega t) - 2J_2(m_f)\cos(2\alpha)\cos(2\omega t) \right] \tag{2.9}$$

设 $U = ku_0 \cdot J_1(m_f)\sin(2\alpha)$、$V = ku_0 \cdot J_2(m_f)\cos(2\alpha)$,则调制后的交流信号可表示为

$$u_A = U\sin(\omega t) - V\cos(2\omega t) \tag{2.10}$$

分析交流信号式(2.10)的极值分布,令 $\mathrm{d}u_A/\mathrm{d}(\omega t)=0$ 可得:当 $-1 \leqslant \dfrac{U}{4V} \leqslant 1$ 时,交流信号 u_A 的极值分布如表 2.1 所列,具体如图 2.3(a)所示,存在 3 个极值点;当 $\dfrac{U}{4V}<-1$ 或者 $\dfrac{U}{4V}>1$ 时,u_A 的极值分布如表 2.2 所列,具体如图 2.3(b)所示,存在两个极值点;方位角 α 不同时,交流信号如图 2.3(c)所示。

表 2.1 当 $-1 \leqslant \dfrac{U}{4V} \leqslant 1$ 时交流信号 u_A 的极值分布

u	ωt	u_A
u_{A1}	$2m\pi + \pi/2$	$U + V$
u_{A2}	$2m\pi + 3\pi/2$	$-U + V$
u_{A3}	$2m\pi - \arcsin(U/4V)$	$-U^2/8V - V$
u_{A4}	$(2m+1)\pi + \arcsin(U/4V)$	$-U^2/8V - V$

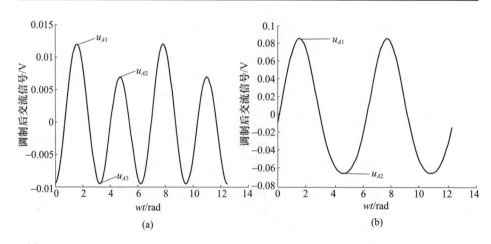

(a)   (b)

14

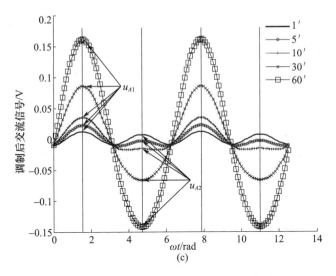

图 2.3 调制后交流信号 u_A 的极值分布图

(a) $m_f = 0.0087\,\text{rad}, \alpha = 1', k = 100$；(b) $m_f = 0.0087\,\text{rad}, \alpha = 30', k = 100$；

(c) $m_f = 0.0087\,\text{rad}, k = 100, \alpha = 1', 5', 10', 30', 60'$。

表 2.2 当 $\dfrac{U}{4V} < -1$ 或者 $\dfrac{U}{4V} > 1$ 时交流信号 u_A 的极值分布

u	ωt	u_A
u_{A1}	$2m\pi + \pi/2$	$U + V$
u_{A2}	$2m\pi + 3\pi/2$	$-U + V$

由图 2.3(c)可见,只有极值点 u_{A1} 和 u_{A2} 的横坐标位置不随方位角 α 变化而变化,利用取样积分电路分别采集极值点 u_{A1}、u_{A2},并设

$$d = u_{A1} - u_{A2} = 2U = ku_0 \cdot J_1(m_f)\sin(2\alpha)$$
$$s = u_{A1} + u_{A2} = 2V = ku_0 \cdot J_2(m_f)\cos(2\alpha)$$

则系统输出信号为

$$V_0 = \frac{d}{s} = \frac{J_1(m_f)}{J_2(m_f)}\tan(2\alpha) \tag{2.11}$$

这样就建立了输出信号 V_0 和方位角 α 之间的关系,控制系统在输出信号的控制下驱动下仪器转动,使上、下仪器保持跟踪同步。

由式(2.11)可得,利用调制后交流信号 u_A 中的极值点计算方位角 α 的模型为

$$\alpha = \frac{1}{2}\arctan\left[\frac{J_2(m_f)}{J_1(m_f)} \cdot \frac{u_{A1} - u_{A2}}{u_{A1} + u_{A2}}\right] \tag{2.12}$$

15

当方位角 α 较小时,为了计算方便,可以采用近似方法得到方位角模型:

$$\alpha \approx \frac{1}{2} \cdot \frac{J_2(m_f)}{J_1(m_f)} \cdot \frac{u_{A1} - u_{A2}}{u_{A1} + u_{A2}} \qquad (2.13)$$

根据上述分析可知,利用取样积分电路分别采集调制后信号中交流信号的极值点,并代入方位角模型式(2.12)或者模型式(2.13),即可得到上下仪器之间的方位角,实现无机械连接设备间方位信息的测量与跟踪对准。

2.1.2 传统方位传递系统原理剖析

根据上述方位测量与传递系统原理分析可见,方位测量与传递系统能够实现无机械连接的设备间方位信息的传递。但是,在原理推导过程中,利用第一类贝塞尔函数展开调制后信号中的交流信号,并且省略了展开式中二阶以上高阶项后来代替交流信号表达式,此时的信号截断误差一定会引起方位角测量误差。

以 $k = 100$、$m_f = 0.0087 \text{rad}$ 为例,方位角在 $-90° \sim 90°$ 范围内变化时,磁光调制后混合信号中各成分分布如图 2.4 所示。

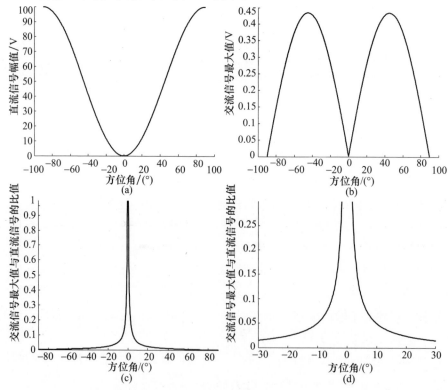

图 2.4 正弦波磁光调制后混合信号成分分析

图 2.4(a) ~ (d)依次为磁光调制后混合信号中的直流信号、交流信号幅值最大值、交流信号幅值最大值与直流信号的比值以及方位角在 0°附近时交流信号幅值最大值与直流信号的比值。由图 2.4 可见,随着方位角的增大,混合信号中直流信号越来越强;交流信号幅值最大值存在周期性,在 ±45°处取得极大值,在 −90°、0°、90°处取得极小值;交流信号幅值最大值与直流信号的比值随着方位角的增大急剧减小,在方位角为 10°时,二者的比值已经不足 5%。

由此可见,随着方位角的增大,交流信号在混合信号中的比例越来越小,交流信号越来越微弱,交流信号的提取越来越困难。因此,在实际应用中,依据方位角模型式(2.12),虽然能够实现小角度范围内方位角的测量,但是方位角较大时,利用模型式(2.12)计算得到的方位角误差较大,甚至不能得到方位角。

那么,方位角较大时是否可以利用直流信号计算方位角,而方位角较小时利用交流信号计算方位角? 值得进一步研究。此外,除了正弦波磁光调制外,其他波形磁光调制是否也存在信号截断误差影响的问题,也值得进一步探讨。

2.2 传统方位传递系统误差分析

根据方位测量与传递系统原理可见,目前普遍采用第一类贝塞尔函数展开调制后交流信号表达式中的 $\cos(m_f\sin(\omega t))$、$\sin(m_f\sin(\omega t))$,并采用省略展开式中二阶以上高阶项后的表达式代替调制后交流信号,这种处理方式必然会引起信号截断误差,影响方位测量精度。针对这个问题,董晓娜的解释是:以调制度 $m_f = 0.0087\mathrm{rad}$ 为例,分别计算出 m_f 的第一类贝塞尔函数展开式中的各项系数 $J_1(m_f)$、$J_2(m_f)$、$J_3(m_f)$ 等。由于系数衰减较快,因此信号截断误差的影响可以忽略[1]。但是,董晓娜没有比较 $\cos(m_f\sin(\omega t))$、$\sin(m_f\sin(\omega t))$ 的第一类贝塞尔函数展开式中各项之间的差异,也没有对比分析展开式中截取不同高阶项对方位传递精度的影响。因此,第一类贝塞尔函数展开后信号截断误差对方位传递精度的影响值得进一步研究。本节以此为基础,分别建立了截取不同高阶项时的方位测量模型,并研究了截断误差对方位传递精度的影响[94]。

2.2.1 基于基频信号的方位测量模型

根据 2.1 节可知,正弦波磁光调制后信号经第一类贝塞尔函数展开,并且省

略基频以上高阶信号时,调制后的信号可表示为

$$I = \frac{1}{2}I_0 \left[1 - \cos(2\alpha)J_0(m_f) + 2J_1(m_f)\sin(2\alpha)\sin(\omega t) \right] \qquad (2.14)$$

该信号经光电转换、隔直、放大后,得到

$$u = ku_0J_1(m_f)\sin(2\alpha)\sin(\omega t) \qquad (2.15)$$

分析式(2.15)的极值点分布可知:当 $\omega t = 2k\pi + \frac{\pi}{2}$ 时,存在极值点 $u_{a1} = ku_0 \cdot J_1(m_f)\sin(2\alpha)$;当 $\omega t = 2k\pi - \frac{\pi}{2}$ 时,存在极值点 $u_{a2} = -ku_0 \cdot J_1(m_f)\sin(2\alpha)$。

由于两个极值点的幅值相同,因此只有一个可以利用的幅值信息,利用取样积分电路采集得到极值 u_{a1},建立方位测量模型:

$$\alpha = \frac{1}{2}\arcsin\frac{u_{a1}}{ku_0 \cdot J_1(m_f)} \qquad (2.16)$$

由模型式(2.16)的表达式可知,该方法受 u_0 的影响很大,只有在精确测量 u_0 的前提下才能使用该模型测量方位角。

2.2.2 基于倍频信号的方位测量模型

以省略信号展开式中五倍频以上高阶项为例,方位测量模型的构建过程如下。

利用第一类贝塞尔函数分别展开调制后信号中的 $\cos(m_f\sin(\omega t))$、$\sin(m_f\sin(\omega t))$,并各自截取前 3 项,从而得到调制后信号近似表达式为

$$\begin{aligned} I = \frac{1}{2}I_0 \big[&1 - \cos(2\alpha) \cdot J_0(m_f) + 2J_1(m_f) \cdot \sin(2\alpha)\sin(\omega t) \\ &- 2J_2(m_f) \cdot \cos(2\alpha)\cos(2\omega t) \\ &+ 2J_3(m_f) \cdot \sin(2\alpha)\sin(3\omega t) - 2J_4(m_f) \cdot \cos(2\alpha)\cos(4\omega t) \\ &+ 2J_5(m_f) \cdot \sin(2\alpha)\sin(5\omega t) \big] \end{aligned} \qquad (2.17)$$

该信号经光电转换、隔直、放大后,得到交流信号为

$$\begin{aligned} u_a = \frac{k}{2}u_0 \big[&2J_1(m_f) \cdot \sin(2\alpha)\sin(\omega t) - 2J_2(m_f) \cdot \cos(2\alpha)\cos(2\omega t) + 2J_3(m_f) \cdot \\ &\sin(2\alpha)\sin(3\omega t) - 2J_4(m_f) \cdot \cos(2\alpha)\cos(4\omega t) + 2J_5(m_f) \cdot \sin(2\alpha)\sin(5\omega t) \big] \end{aligned}$$

$$(2.18)$$

设 $A = ku_0 \cdot J_1(m_f) \cdot \sin(2\alpha)$、$B = ku_0 \cdot J_2(m_f) \cdot \cos(2\alpha)$、$C = ku_0 \cdot J_3(m_f) \cdot \sin(2\alpha)$、$D = ku_0 \cdot J_4(m_f) \cdot \cos(2\alpha)$、$E = ku_0 \cdot J_5(m_f) \cdot \sin(2\alpha)$,则式(2.18)可表示为

$$u_a = A \cdot \sin(\omega t) - B \cdot \cos(2\omega t) + C \cdot \sin(3\omega t) - D \cdot \cos(4\omega t) + E \cdot \sin(5\omega t)$$

$$(2.19)$$

分析式(2.19)的极值分布,令 $\mathrm{d}u_a/\mathrm{d}(\omega t) = 0$,得到

$$A\cos(\omega t) + 2B \cdot \sin(2\omega t) + 3C \cdot \cos(3\omega t) + 4D \cdot \sin(4\omega t) + 5E \cdot \cos(5\omega t) = 0$$

$$(2.20)$$

将 $\sin(2\omega t) = 2\sin(\omega t)\cos(\omega t)$、$\cos(3\omega t) = \cos(\omega t)(\cos^2(\omega t) - 3\sin^2(\omega t))$、$\sin(4\omega t) = 4\sin(\omega t)\cos(\omega t)(\cos^2(\omega t) - \sin^2(\omega t))$、$\cos(5\omega t) = \cos(\omega t)(\cos^4(\omega t) + 5\sin^4(\omega t) - 10\sin^2(\omega t)\cos^2(\omega t))$ 代入式(2.20),可得

$$\cos(\omega t)[A + 4B \cdot \sin(\omega t) + 3C(\cos^2(\omega t) - 3\sin^2(\omega t)) + 16D \cdot \sin(\omega t)$$
$$(\cos^2(\omega t) - \sin^2(\omega t)) + 5E(\cos^4(\omega t) + 5\sin^4(\omega t) - 10\sin^2(\omega t)\cos^2(\omega t))] = 0$$

$$(2.21)$$

解方程式(2.21)得到:当 $\cos(\omega t) = 0$ 时,$\omega t = 2k\pi + \dfrac{\pi}{2}$ 或者 $\omega t = 2k\pi + \dfrac{3\pi}{2}$;

当 $\omega t = 2k\pi + \dfrac{\pi}{2}$ 时,交流信号极值点为

$$u_{a1} = A + B - C - D + E$$

当 $\omega t = 2k\pi + \dfrac{3\pi}{2}$ 时,交流信号极值点为

$$u_{a2} = -A + B + C - D - E$$

利用取样积分电路,分别采集 u_{a1}、u_{a2} 的值,得到

$$\frac{u_{a1} - u_{a2}}{u_{a1} + u_{a2}} = \frac{2(A - C + E)}{2(B - D)} = \frac{J_1(m_f) - J_3(m_f) + J_5(m_f)}{J_2(m_f) - J_4(m_f)}\tan 2\alpha \qquad (2.22)$$

从而建立方位测量模型:

$$\alpha = \frac{1}{2}\arctan\left[\frac{u_{a1} - u_{a2}}{u_{a1} + u_{a2}} \cdot \frac{J_2(m_f) - J_4(m_f)}{J_1(m_f) - J_3(m_f) + J_5(m_f)}\right] \qquad (2.23)$$

用类似处理方法,能够建立截取 2 倍频以上高阶项时的方位测量模型:

$$\alpha = \frac{1}{2}\arctan\left[\frac{u_{a1} - u_{a2}}{u_{a1} + u_{a2}} \cdot \frac{J_2(m_f)}{J_1(m_f)}\right] \qquad (2.24)$$

截取 3 倍频以上高阶项时的方位测量模型：

$$\alpha = \frac{1}{2}\arctan\left[\frac{u_{a1} - u_{a2}}{u_{a1} + u_{a2}} \cdot \frac{J_2(m_f)}{J_1(m_f) - J_3(m_f)}\right] \tag{2.25}$$

截取 4 倍频以上高阶项时的方位测量模型：

$$\alpha = \frac{1}{2}\arctan\left[\frac{u_{a1} - u_{a2}}{u_{a1} + u_{a2}} \cdot \frac{J_2(m_f) - J_4(m_f)}{J_1(m_f) - J_3(m_f)}\right] \tag{2.26}$$

截取 5 倍频以上高阶项时的方位测量模型：

$$\alpha = \frac{1}{2}\arctan\left[\frac{u_{a1} - u_{a2}}{u_{a1} + u_{a2}} \cdot \frac{J_2(m_f) - J_4(m_f)}{J_1(m_f) - J_3(m_f) + J_5(m_f)}\right] \tag{2.27}$$

对比式(2.24)~式(2.27)可见，所建立的方位测量模型中系数与被截取的高阶项的项数存在一定的关系，且模型中的系数变化存在规律，从而归纳总结得到截取 6 倍频以上高阶项时的方位测量模型：

$$\alpha = \frac{1}{2}\arctan\left[\frac{u_{a1} - u_{a2}}{u_{a1} + u_{a2}} \cdot \frac{J_2(m_f) - J_4(m_f) + J_6(m_f)}{J_1(m_f) - J_3(m_f) + J_5(m_f)}\right] \tag{2.28}$$

截取 7 倍频以上高阶项时的方位测量模型：

$$\alpha = \frac{1}{2}\arctan\left[\frac{u_{a1} - u_{a2}}{u_{a1} + u_{a2}} \cdot \frac{J_2(m_f) - J_4(m_f) + J_6(m_f)}{J_1(m_f) - J_3(m_f) + J_5(m_f) - J_7(m_f)}\right] \tag{2.29}$$

2.2.3 测量模型对比分析

根据前面的分析，方位角在 $-45° \sim 45°$ 范围内变化时，各方位测量模型的理论测量误差分别如图 2.5 ~ 图 2.10 所示。

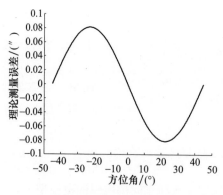

图 2.5 截取 2 倍频以上
高阶项时方位测量误差

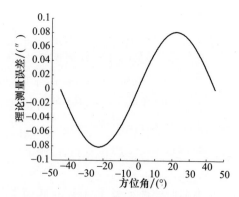

图 2.6 截取 3 倍频以上
高阶项时方位测量误差

20

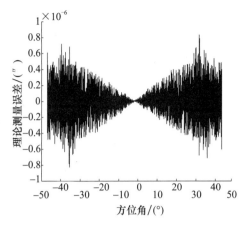

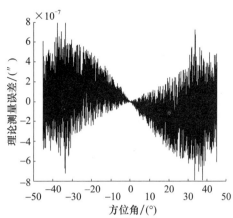

图 2.7　截取 4 倍频以上高阶项时
方位测量误差

图 2.8　截取 5 倍频以上高阶项时
方位测量误差

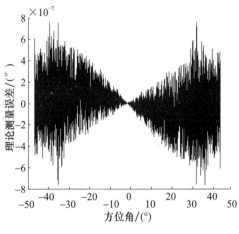

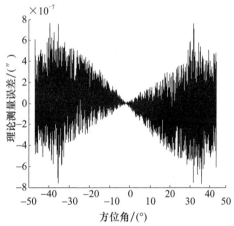

图 2.9　截取 6 倍频以上高阶项时
方位测量误差

图 2.10　截取 7 倍频以上高阶项时
方位测量误差

由仿真结果可见,截取展开式中 2 倍频、3 倍频以上高阶项时,方位测量模型的理论测量误差控制在 0.1″以内,截取 4 倍频、5 倍频、6 倍频、7 倍频以上高阶项时,理论测量误差控制在 10^{-6}″以内。由此可知,随着被截取倍频信号高阶项数的增加,方位测量误差越来越小;分别截取 2 倍频、3 倍频以上高阶项时,两个方位测量模型的误差相当,但符号相反;当截取项数高于 4 倍频以上高阶项后,测量误差基本不变。因此,在利用传统方法测量方位角时,仅需要利用 2 倍频、3 倍频或者 4 倍频方位测量模型之一即可;随着高精密仪器的发展,采用 4 倍频方位测量模型进行方位测量更佳。

2.3 基于三角函数表示的方位精确测量方法

由2.1节方位传递系统原理可知，采用第一类贝塞尔函数展开调制后的信号表达式，并截取二阶以上高阶项后的信号表达式代替调制后信号，这种处理方法会引起方位测量误差，因此，式(2.9)中 u_A 不再是真正的交流信号表达式。为了消除原理推导过程中信号截断误差引起的方位测量误差，本节提出了一种三角函数表示的精确方位测量方法，构建了相应的方位测量模型，并研究了其测量精度和测量范围[95]。

2.3.1 方位精确测量模型

将式(2.3)代入式(2.2)后，可得

$$u = \frac{k}{2}u_0 \left\{ 1 - \left[J_0(m_f) \cdot \cos(2\alpha) + 2\sum_{n=1}^{\infty} J_{2n}(m_f)\cos(2n\omega t)\cos(2\alpha) \right. \right.$$
$$\left. \left. - \sin(m_f\sin(\omega t))\sin(2\alpha) \right] \right\} \tag{2.30}$$

结合 $\cos(m_f\sin(\omega t))$ 和 $\sin(m_f\sin(\omega t))$ 的第一类贝塞尔函数展开式(2.3)、式(2.4)可知：$\sin(m_f\sin(\omega t))$ 展开式中各项均为 wt 的函数，$\cos(m_f\sin(\omega t))$ 展开式中存在一个常数 $J_0(m_f)$。因此，能够确定展开式(2.30)中第一项为常数，第二项仅与方位角相关，第三项、第四项与 α、ωt 均有关。因此，当方位角 α 不变而 ωt 变化时，调制后信号中仅第一项、第二项是恒定量，调制后信号中的直流信号为

$$u_d = \frac{ku_0}{2}\left[1 - J_0(m_f) \cdot \cos(2\alpha) \right] \tag{2.31}$$

交流信号为

$$u_a = \frac{ku_0}{2}\left[J_0(m_f) \cdot \cos(2\alpha) - \cos(2\alpha)\cos(m_f\sin(\omega t)) + \sin(2\alpha)\sin(m_f\sin(\omega t)) \right]$$
$$\tag{2.32}$$

对交流信号(式2.32)求导数可得

$$\frac{du_a}{d(\omega t)} = \frac{ku_0}{2} \cdot m_f \cdot \cos(\omega t) \cdot \sin(m_f\sin(\omega t) + 2\alpha) = 0 \tag{2.33}$$

若式(2.33)中 $\cos(\omega t) = 0$，可得交流信号中存在两个横坐标不变的极值点，其横坐标分别为 $\omega t = 2m\pi + \frac{\pi}{2}$、$\omega t = 2m\pi + \frac{3\pi}{2}$（$m = \cdots, -2, -1, 0, 1, 2, \cdots$），

此时的极值点为

$$u_{a1} = \frac{ku_0}{2}\left[J_0(m_f) \cdot \cos(2\alpha) - \cos(2\alpha)\cos m_f + \sin(2\alpha)\sin m_f\right] \quad (2.34)$$

$$u_{a2} = \frac{ku_0}{2}\left[J_0(m_f) \cdot \cos(2\alpha) - \cos(2\alpha)\cos m_f - \sin(2\alpha)\sin m_f\right] \quad (2.35)$$

由 u_{a1}、u_{a2} 横坐标的表达式(2.34)和式(2.35)可见,二者的横坐标与方位角无关,不会随着方位角的变化而左右移动。

若式(2.33)中 $\sin(m_f\sin(\omega t) + 2\alpha) = 0$,交流信号中仍然存在极值点,但是此时的极值点横坐标与方位角相关,随着上下仪器之间方位角变化,极值点的横坐标会左右移动,从而引起极值点位置不固定,不利于极值点信息采集。

利用取样积分电路分别采集极值点 u_{a1}、u_{a2},得到

$$\frac{u_{a1} - u_{a2}}{u_{a1} + u_{a2}} = \frac{\sin m_f \sin 2\alpha}{[J_0(m_f) - \cos m_f]\cos 2\alpha} \quad (2.36)$$

由式(2.36)可见,利用调制后交流信号中极值点信息能够建立方位测量模型:

$$\alpha = \frac{1}{2}\arctan\left[\frac{u_{a1} - u_{a2}}{u_{a1} + u_{a2}} \frac{J_0(m_f) - \cos m_f}{\sin m_f}\right] \quad (2.37)$$

当方位角较小时,为了计算方便,可以采用近似方法得到方位测量模型:

$$\alpha \approx \frac{1}{2} \cdot \frac{u_{a1} - u_{a2}}{u_{a1} + u_{a2}} \frac{J_0(m_f) - \cos m_f}{\sin m_f} \quad (2.38)$$

由方位测量模型式(2.37)的推导过程可见,理论层面没有引入误差,消除了传统方法中信号截断误差对方位测量精度的影响。

2.3.2 方位精确测量模型分析

根据2.3.1节理论分析,以 $u_0 = 1\text{V}$、$m_f = 0.0087\text{rad}$、$k = 10$ 为例,方位精确测量模型与传统方位测量模型的理论方位测量结果如图2.11所示。图2.11(a)为两种模型的理论方位测量精度对比情况,图2.11(b)为两种模型理论测量结果与真值的对比情况。由图2.11可见,方位精确测量模型的理论测量精度较高。

为了探讨影响方位测量精度的因素,假设 u_A 为传统模型中调制后交流信号表达式,而 u_a 为精确模型中调制后交流信号表达式。图2.12是这种假设情况下两种模型的方位测量结果对比图,其中图2.12(a)为两种模型的理论方位测量精度对比情况,图2.12(b)为两种模型的理论测量结果与真值的对比情况。由图2.12可知,两种模型的测量精度基本相当。由图2.11(b)和图2.12(b)对比可知,传统模型中信号截断误差对方位测量精度有一定影响。

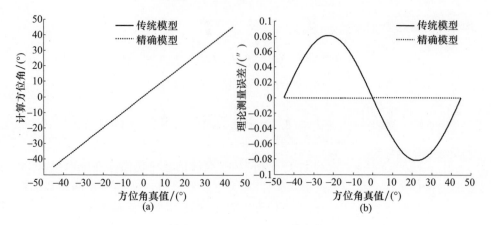

图 2.11　精确模型与传统模型理论方位测量结果对比图

(a)两种模型理论方位测量精度对比；(b)两种模型理论测量精度与真值的对比。

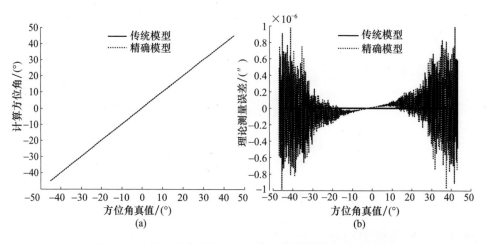

图 2.12　交流信号表达式不同时两种模型的测量结果对比图

2.4　基于升幂运算的方位测量方法

　　为了扩大传统方法中方位角的测量范围,本节在分析方位测量原理过程中,通过引入升幂公式增大了方位测量范围,建立了方位角与磁光调制后交流信号中横坐标不变的极值点的关系方程。针对方程求解过程中遇到的增根问题,采用极值点对比的方法去除增根,最终获得了大方位角测量模型。针对模型中反正切函数的实现,采用了大角度查表和小角度近似逼近的两步走测量方法,仿真结果表明,提出的方法理论上扩大了方位角的测量范围[96]。

24

2.4.1 基于升幂运算的方位测量模型

根据 2.3 节三角函数表示的精确方位测量原理,将升幂公式 $\tan(2\alpha) = \dfrac{2\tan\alpha}{1 - \tan^2\alpha}$ 代入方位测量模型式(2.37),得到关于方位角的方程为

$$\frac{u_{a1} - u_{a2}}{u_{a1} + u_{a2}}\tan^2\alpha + \frac{2\sin m_f}{J_0(m_f) - \cos m_f}\tan\alpha - \frac{u_{a1} - u_{a2}}{u_{a1} + u_{a2}} = 0 \qquad (2.39)$$

式(2.39)根的判别式为

$$\Delta = 4\left(\frac{u_{a1} - u_{a2}}{u_{a1} + u_{a2}}\right)^2 + 4\left[\frac{\sin m_f}{J_0(m_f) - \cos m_f}\right]^2 \geq 0 \qquad (2.40)$$

因此,式(2.39)恒有解,从而得到方位角的计算公式为

$$\alpha' = \arctan\left\{\frac{-\dfrac{\sin m_f}{J_0(m_f) - \cos m_f} \pm \left[\left(\dfrac{u_{a1} - u_{a2}}{u_{a1} + u_{a2}}\right)^2 + \left(\dfrac{\sin m_f}{J_0(m_f) - \cos m_f}\right)^2\right]^{1/2}}{\dfrac{u_{a1} - u_{a2}}{u_{a1} + u_{a2}}}\right\}$$

$$(2.41)$$

根据式(2.41)的表达式可知,式(2.39)的解产生了增根,必须对增根进行取舍。式(2.39)解的分布情况如图 2.13 所示。由图 2.13 可见,横轴为方位角真值,纵轴为方位角计算值,理论上真值与计算值成斜率为 1 的线性关系,从而确定方位角在 -90°~90°范围内时式(2.39)的解被分为三部分,即

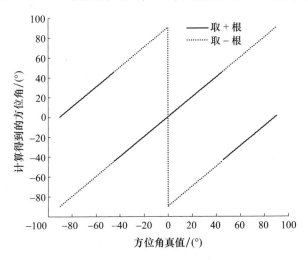

图 2.13　式(2.39)根的分布图

$$\alpha \in \begin{cases} (-90°, -45°), \text{方程的解取 " - "} \\ (-45°, 45°), \text{方程的解取 " + "} \\ (45°, 90°), \text{方程的解取 " - "} \end{cases} \qquad (2.42)$$

方位角真值是未知量,不可能事先预知方位角的值并判断其所处的区间范围,因此,式(2.42)实际操作性较差。通过对极值点信息的分析发现,能够根据极值点判断方程的解。

$$\text{令 } x = \cfrac{-\dfrac{\sin m_f}{J_0(m_f) - \cos m_f} \pm \left[\left(\dfrac{u_{a1} - u_{a2}}{u_{a1} + u_{a2}} \right)^2 + \left(\dfrac{\sin m_f}{J_0(m_f) - \cos m_f} \right)^2 \right]^{1/2}}{\dfrac{u_{a1} - u_{a2}}{u_{a1} + u_{a2}}}, \text{则方位角}$$

在 $-90° \sim 90°$ 范围内变化时 x 的变化情况如图 2.14 所示。

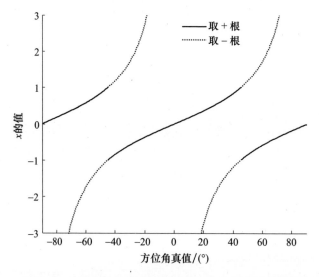

图 2.14　方位角在 $-90° \sim 90°$ 范围内变化时 x 的分布图

由图 2.14 可见,每一个方位角真值对应两个 x 值,其中中间的曲线为所需要的曲线。当方位角 $\alpha > 0°$ 时,所需要的曲线中 $x > 0$;当方位角 $\alpha < 0°$ 时,所需要的曲线中 $x < 0$。由此可见,x 的取舍能够转换为方位角正负区间的判断。由 $u_{a1} - u_{a2} = k u_0 \sin(m_f) \sin 2\alpha$ 可知,当 $u_{a1} > u_{a2}$ 时,$\alpha > 0°$,当 $u_{a1} < u_{a2}$ 时,$\alpha < 0°$。因此,能够根据极值点 u_{a1}、u_{a2} 的对比判断 x。方位角正、负区间内部 x 正、负号的选择可根据 x 与 ± 1 的对比结果判断得到。

综上所述,根据 u_{a1}、u_{a2} 的对比结果以及 x 与 ± 1 的比较结果组合,能够确定 $-90° \sim 90°$ 范围内方位角的计算公式,具体判断方法如表 2.3 所列。

26

表2.3　方位角计算公式判断表

x ＼ u	$u_{a1} > u_{a2}$	$u_{a1} < u_{a2}$
$x > 1$	−	×
$0 < x \leqslant 1$	+	×
$-1 \leqslant x < 0$	×	+
$x < -1$	×	−

注:表中"＋"表示方位角计算公式中取正号;"－"表示方位角计算公式中取负号;"×"表示舍去不用

2.4.2　方位测量方案

1. 大角度范围硬件查表法

在2.4.1节建立的方位测量模型中存在反正切函数的计算问题,但是硬件不能直接计算反正切函数,这里采用硬件查表法实现反正切函数的计算。首先按设计要求计算出所有可能的值并按照对应关系存储在硬件空间内;然后制定查表规则并根据输入条件进行判断查找,当找到符合条件的值时将其输出,算法简单,容易实现。

以查表精度控制在0.5°范围内为例,由于 $y = \arctan x$ 是奇函数,只需考虑 $x > 0$ 的情况,计算出 $0° \leqslant \alpha \leqslant 90°$ 范围内的函数值,当 $x < 0$ 时,设 $x = -x$,查表所得函数值取反即可,减小了硬件存储空间。当 $45° < \alpha < 90°$ 时,x、y 存储空间急剧增加,利用 $x = \dfrac{x-1}{x+1}$ 将角度转化至 $0° < \alpha < 45°$ 范围内[97]。因此,仅需要设计存储 $0° < \alpha < 45°$ 范围内间隔为 $0.5°$ 的表格,x 始终小于1,采用7位二进制表示,y 以度为单位,采用7位二进制表示,$g(x)$ 为 x 对应的查表值。

2. 小角度范围内近似逼近法

通过对1°范围内 $y = \arctan x$ 与 $y = x$ 的对比发现,二者误差很小,最大误差约为 $0.3565''$。因此,在1°范围内用 $y = x$ 代替 $y = \arctan x$ 是可行的,所以小角度范围内方位角的近似计算公式为

$$\alpha' \approx \frac{-\dfrac{\sin m_f}{J_0(m_f) - \cos m_f} - \left[\left(\dfrac{u_{a1} - u_{a2}}{u_{a1} + u_{a2}} \right)^2 + \left(\dfrac{\sin m_f}{J_0(m_f) - \cos m_f} \right)^2 \right]^{1/2}}{\dfrac{u_{a1} - u_{a2}}{u_{a1} + u_{a2}}} \tag{2.43}$$

3. 系统总体实施方案

结合系统实际情况,首先利用取样积分电路采集调制后交流信号中横坐标不变的极值点 u_{a1}、u_{a2},通过比较 u_{a1}、u_{a2} 确定 x 的取值:当 $u_{a1} > u_{a2}$ 时,x 取正值;

当 $u_{a1} < u_{a2}$ 时，x 取负值；当 $u_{a1} = u_{a2}$ 时，表明方位角为 0°。然后通过 x 与 ±1 的比较确定方位角的区间和查表方式：当 $x < -1$ 时，表明方位角在 $-90° < \alpha < -45°$ 范围内，通过 $x = -x$、$x = \dfrac{x-1}{x+1}$ 变换，查表后得到粗略方位角 β 为 $-g(x) - 45°$；当 $x < 0 \leqslant -1$ 时，表明方位角在 $-45° \leqslant \alpha < 0°$ 范围内，通过 $x = -x$ 变换，查表后得到粗略方位角 β 为 $-g(x)$；当 $0 < x \leqslant 1$ 时，表明方位角在 $0° < \alpha \leqslant 45°$ 范围内，直接查表获得粗略方位角 β 为 $g(x)$；当 $x > 1$ 时，表明方位角在 $45° < \alpha < 90°$ 范围内，通过 $x = \dfrac{x-1}{x+1}$ 变换，查表后获得粗略方位角 β 为 $g(x) + 45°$，下仪器在粗略方位角信号控制下逐渐转动至小角度范围内。在小角度范围内，采集新状态下调制后交流信号中横坐标不变的极值点 u'_{a1}、u'_{a2}，直接带入模型式（2.43）即可得到方位角，下仪器在此方位角信号控制下继续转动至与上仪器精确对准。具体流程如图 2.15 所示。

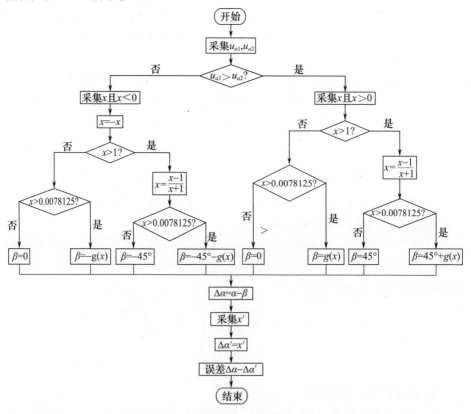

图 2.15 基于升幂运算的方位测量方案流程图

28

2.4.3 方法测量模型分析

当 $m_f = 0.0087\text{rad}$ 时,同等条件下,本节的方法未查表时与传统方位测量方法的理论测量结果对比情况如图 2.16 所示。

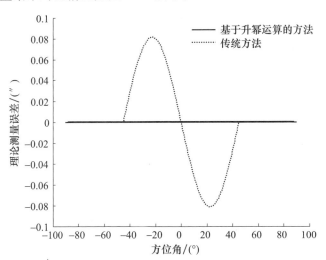

图 2.16 基于升幂运算的方法与传统方法的理论方位测量结果对比图

由图 2.16 可见,本节提出的方法理论上能够扩大方位角的测量范围,且测量精度较高,查表后的理论测量误差如图 2.17 所示。

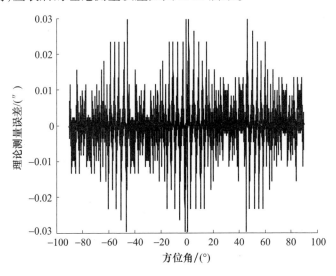

图 2.17 基于升幂运算的方法查表后理论方位测量误差图

29

由图 2.17 可见,经过硬件查表计算后,方位测量误差有所增加。在 0°、±45°左右误差较大,主要是 0° ~0.5°范围内未查表而直接采用近似逼近公式直接计算引起的。

在试验验证中发现,随着方位角的增大,计算方位角必需的调制后交流信号中的极值点越来越不明显,信号采集难度越来越大,方位角计算困难。由此可见,该方法实际扩大方位测量范围的效果不佳。

第3章 基于正弦波磁光调制的
方位测量新方法

本章在第 2 章分析传统基于正弦波磁光调制的方位测量系统原理的基础上,重点在于提出新的方位测量方法。首先,针对正弦波磁光调制后混合信号的特点,分别提出了基于调制后混合信号的 3 种方位测量方法;然后,建立了相应的方位测量模型,给出了方位测量方案,分析了测量模型的特点,并对 3 种方位测量方法的优缺点进行了对比分析[98-100];最后,结合传统方位测量方法中小角度范围内测量精度高的特点,提出了基于组合策略的方位测量方法,实现了大角度范围内的方位传递。

3.1 基于混合信号的方位测量方法一

3.1.1 方位测量模型

方位测量原理与参数定义与 2.1 节完全相同,磁光调制后的光信号经光电转换、放大后得到式(2.2)。

令 $A = \dfrac{k}{2} u_0$、$B = \dfrac{k}{2} u_0 \sin 2\alpha = A \sin 2\alpha$、$C = \dfrac{k}{2} u_0 \cos 2\alpha = A \cos 2\alpha$,可得

$$u = A + B \sin(m_f \sin \omega t) - C \cos(m_f \sin \omega t) \tag{3.1}$$

对混合信号式(3.1)求极值点,令 $\mathrm{d}u/\mathrm{d}(\omega t) = 0$,得到 u 的极值点分布:当 $-1 \leqslant \dfrac{1}{m_f} \arctan \dfrac{B}{C} \leqslant 1$ 时,u 的极值分布如表 3.1 所列。表 3.1 中,$m = 0,1,2,3,4,\cdots$。

表 3.1 $-1 \leqslant \dfrac{1}{m_f} \arctan \dfrac{B}{C} \leqslant 1$ 时 u 的极值分布

u	ωt	u
u_1	$2m\pi + \pi/2$	$A + B\sin(m_f) - C\cos(m_f)$
u_2	$2m\pi + 3\pi/2$	$A - B\sin(m_f) - C\cos(m_f)$

u	ωt	u
u_3	$2m\pi - \arcsin\left(\dfrac{1}{m_f}\arctan\dfrac{B}{C}\right)$	$A - B\sin\left(\arctan\dfrac{B}{C}\right) - C\cos\left(\arctan\dfrac{B}{C}\right)$
u_4	$2m\pi + \pi + \arcsin\left(\dfrac{1}{m_f}\arctan\dfrac{B}{C}\right)$	$A - B\sin\left(\arctan\dfrac{B}{C}\right) - C\cos\left(\arctan\dfrac{B}{C}\right)$

当 $\dfrac{1}{m_f}\arctan\dfrac{B}{C}$ 的范围不在 $-1 \leqslant \dfrac{1}{m_f}\arctan\dfrac{B}{C} \leqslant 1$ 时，u 的极值分布如表 3.2 所列。

表 3.2　其他情况 u 的极值分布

u	ωt	u
u_1	$2m\pi + \pi/2$	$A + B\sin(m_f) - C\cos(m_f)$
u_2	$2m\pi + 3\pi/2$	$A - B\sin(m_f) - C\cos(m_f)$

由表 3.1、表 3.2 可见，只有极值点 u_1 和 u_2 的横坐标位置不随 α 变化而变化，且 $u_1 > u_2 > u_3 = u_4$ 恒成立，利用取样积分电路分别获取 u_1 和 u_2 的值。

将 B、C 分别代入 u_1、u_2，可得

$$u_1 + u_2 = 2A[1 - \cos(2\alpha)\cos(m_f)] \tag{3.2}$$

$$u_1 - u_2 = 2A\sin(2\alpha)\sin(m_f) \tag{3.3}$$

去除 A（实际是 k 和初始光强 I_0）的影响，可得

$$\frac{u_1 + u_2}{u_1 - u_2} = \frac{1}{\sin m_f}\frac{1}{\sin(2\alpha)} - \frac{\cos m_f}{\sin m_f}\frac{\cos(2\alpha)}{\sin(2\alpha)} \tag{3.4}$$

将 $\sin(2\alpha) = \dfrac{2\tan\alpha}{1 + \tan^2\alpha}$、$\cos(2\alpha) = \dfrac{1 - \tan^2\alpha}{1 + \tan^2\alpha}$、$\tan(2\alpha) = \dfrac{2\tan\alpha}{1 - \tan^2\alpha}$ 代入式(3.4)，可得

$$\left(\frac{1}{\sin m_f} + \frac{\cos m_f}{\sin m_f}\right)\tan^2\alpha - 2\frac{u_1 + u_2}{u_1 - u_2}\tan\alpha + \frac{1}{\sin m_f} - \frac{\cos m_f}{\sin m_f} = 0 \tag{3.5}$$

式(3.5)根的判别式为

$$\Delta = b^2 - 4ac = 4\left(\frac{u_1 + u_2}{u_1 - u_2}\right)^2 - 4 \tag{3.6}$$

当方位角在 $-90° \leqslant \alpha \leqslant 90°$ 范围内变化时，$\left(\dfrac{u_1 + u_2}{u_1 - u_2}\right)^2$ 的范围如图 3.1 所示，其中图 3.1(a)为全局图，图 3.1(b)为 0° 左右的局部放大图。

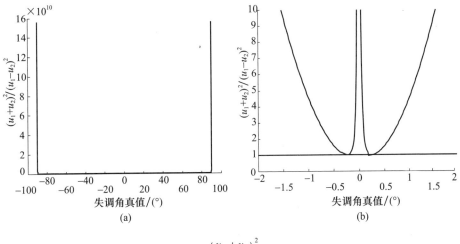

(a)

(b)

图 3.1 $\left(\dfrac{u_1+u_2}{u_1-u_2}\right)^2$ 的分布

由图 3.1 可见，$\left(\dfrac{u_1+u_2}{u_1-u_2}\right)^2 \geqslant 1$ 恒成立，所以 $\Delta \geqslant 0$ 恒成立，式(3.5)始终有解，即

$$\tan\alpha = \frac{-b \pm \sqrt{b^2-4ac}}{2a} = \frac{\dfrac{u_1+u_2}{u_1-u_2} \pm \sqrt{\left(\dfrac{u_1+u_2}{u_1-u_2}\right)^2 - 1}}{\dfrac{1}{\sin m_f} + \dfrac{\cos m_f}{\sin m_f}} \qquad (3.7)$$

得到方位角的计算公式为

$$\alpha' = \arctan\left(\frac{\dfrac{u_1+u_2}{u_1-u_2} \pm \sqrt{\left(\dfrac{u_1+u_2}{u_1-u_2}\right)^2 - 1}}{\dfrac{1}{\sin m_f} + \dfrac{\cos m_f}{\sin m_f}}\right) \qquad (3.8)$$

3.1.2 方位测量模型的确定

对于实际测量中每一个方位角的真值 α 都会对应测得一组 u_1、u_2 数据，但是根据式(3.8)却计算出两个方位角计算值，产生了增根，必须对方程的解进行取舍。

方程解的分布如图 3.2 所示，其中图 3.2(a)为全局图，图 3.2(b)为方位角在 $-1° \sim 1°$ 范围内的局部图。

由图 3.2 可见，横轴为方位角真值，纵轴为计算值，理论上真值应该与计算

值成斜率为1的直线关系,从而确定在 $-90° \sim 90°$ 范围内方程的解被分为四部分,即

$$\alpha' \in \begin{cases} (-90°, \beta_1), & \text{方程的解 } \alpha' \text{取“} - \text{”} \\ (\beta_1, 0), & \text{方程的解 } \alpha' \text{取“} + \text{”} \\ (0, \beta_2), & \text{方程的解 } \alpha' \text{取“} - \text{”} \\ (\beta_2, 90°), & \text{方程的解 } \alpha' \text{取“} + \text{”} \end{cases} \tag{3.9}$$

式中,β_1、β_2 为方程解的分界点对应的方位角。

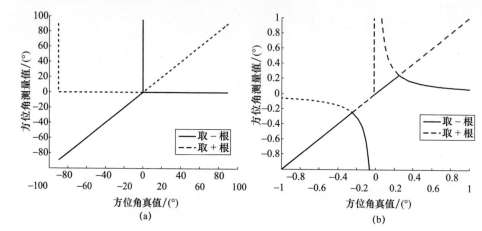

图 3.2 式(3.5)解的分布图

式(3.5)解的分界点可表示为

$$\frac{\dfrac{u_1 + u_2}{u_1 - u_2} + \sqrt{\left(\dfrac{u_1 + u_2}{u_1 - u_2}\right)^2 - 1}}{\dfrac{1}{\sin m_f} + \dfrac{\cos m_f}{\sin m_f}} = \frac{\dfrac{u_1 + u_2}{u_1 - u_2} - \sqrt{\left(\dfrac{u_1 + u_2}{u_1 - u_2}\right)^2 - 1}}{\dfrac{1}{\sin m_f} + \dfrac{\cos m_f}{\sin m_f}} \tag{3.10}$$

解得 $A = 0$ 或 $\alpha = \pm \dfrac{1}{2} m_f$,即 $\beta_1 = -\dfrac{1}{2} m_f$、$\beta_2 = \dfrac{1}{2} m_f$、$A = 0$,如图 3.3 和图 3.4 所示。

但是,在实际操作中方位角真值是未知量,不可能事先根据 $\alpha = \pm \dfrac{1}{2} m_f$ 判断方程的解。综合考虑极值点 u_3、u_4 存在的定义域 $-1 \leqslant \dfrac{1}{m_f} \arctan \dfrac{B}{C} \leqslant 1$(即 $-\dfrac{1}{2} m_f \leqslant \alpha \leqslant \dfrac{1}{2} m_f$)可见二者范围重合,即

34

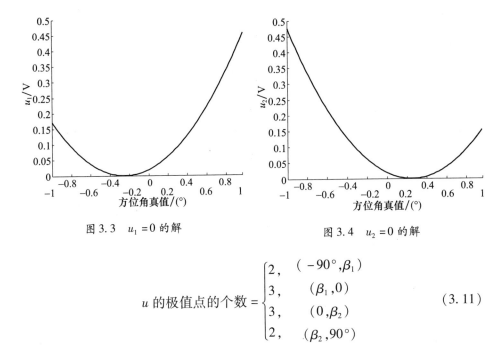

图 3.3 $u_1 = 0$ 的解

图 3.4 $u_2 = 0$ 的解

$$u \text{ 的极值点的个数} = \begin{cases} 2, & (-90°, \beta_1) \\ 3, & (\beta_1, 0) \\ 3, & (0, \beta_2) \\ 2, & (\beta_2, 90°) \end{cases} \tag{3.11}$$

由于极值点的个数可数,可以根据极值点的个数判断得到最终的方位测量模型,即

$$\alpha' = \begin{cases} \arctan\left(\dfrac{\dfrac{u_1 + u_2}{u_1 - u_2} - \sqrt{\left(\dfrac{u_1 + u_2}{u_1 - u_2}\right)^2 - 1}}{\dfrac{1}{\sin m_f} + \dfrac{\cos m_f}{\sin m_f}}\right), & \text{在负半区2个极值点或正半区3个极值点} \\[20pt] \arctan\left(\dfrac{\dfrac{u_1 + u_2}{u_1 - u_2} + \sqrt{\left(\dfrac{u_1 + u_2}{u_1 - u_2}\right)^2 - 1}}{\dfrac{1}{\sin m_f} + \dfrac{\cos m_f}{\sin m_f}}\right), & \text{在负半区3个极值点或正半区2个极值点} \end{cases}$$

$$\tag{3.12}$$

3.1.3 测量模型分析

由于硬件不能直接进行反正切函数的计算,所以此方法的计算精度一定程度上受硬件反正切计算能力的影响,此外,还受取样积分电路采样精度、调制度大小等因素的影响,这里仅对方法本身的理论计算精度进行仿真,以 $m_f = 0.0087\text{rad}$ 为例,方位角在 $-90° \sim 90°$ 范围内变化时该方法的理论测量误差

如图 3.5 所示。

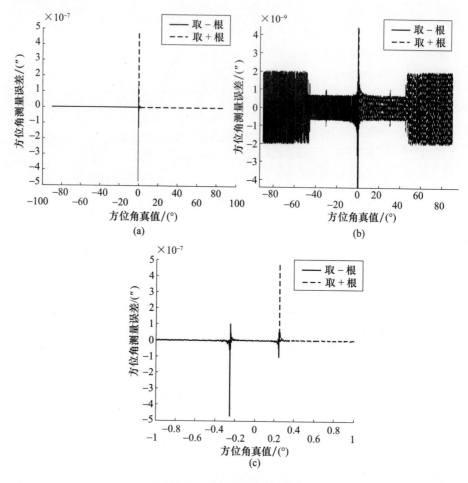

图 3.5　系统理论测量误差

　　图 3.5(a)为 −90°～90°范围内总的误差分布,图 3.5(b)是对主要误差进行放大,可见主要误差精度达 $2 \times 10^{-9}''$,图 3.5(c)是 −1°～1°范围内的误差信号。由图可以明显地看到方位角计算值 α' 分为 4 个区域。由图 3.5 可见,即使在 $\alpha = \pm \frac{1}{2} m_f$ 过渡处误差略有增大,但仍在 $5 \times 10^{-7}''$ 范围内。

　　与传统测量方法[1]的理论误差比较如图 3.6 所示。由图 3.6 可见,这里提出的方法比原有测量方法不仅精度高而且测量范围广。

　　在实际实现过程中,由于 $y = \arctan x$ 是奇函数,可以利用奇函数的性质进行处理。

36

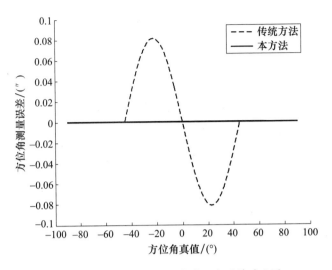

图 3.6　本方法与传统方法的理论误差对比图

3.2　基于混合信号的方位测量方法二

方位测量原理和参数定义与 2.1 节完全相同,根据 2.1 节可见调制后混合信号 u 为直流、交流叠加信号。

3.2.1　方位测量模型

将下仪器停放在上仪器正下方任意未知初始位置 α_1 处,测量得到调制后混合信号中的直流信号为

$$u_{11} = ku_0 \sin^2 \alpha_1 \qquad (3.13)$$

$$\cos(2\alpha_1) = 1 - \frac{2u_{11}}{ku_0} \qquad (3.14)$$

在 α_1 的基础上转动 90° 至 α_2 处,测量得到相对应的调制后混合信号中的直流信号为

$$u_{12} = ku_0 \sin^2(\alpha_1 + 90°) \qquad (3.15)$$

将式(3.14)代入式(3.15)得 u_0 的计算公式为

$$u_0 = \frac{u_{11} + u_{12}}{k} \qquad (3.16)$$

利用取样积分电路采集任意被测位置调制后混合信号中的两个极值点分

别为

$$u_1 = ku_0 \sin^2\left(\alpha + \frac{1}{2}m_f\right) = \frac{ku_0}{2}\left[1 - \cos(2\alpha + m_f)\right] \quad (3.17)$$

$$u_2 = ku_0 \sin^2\left(\alpha - \frac{1}{2}m_f\right) = \frac{ku_0}{2}\left[1 - \cos(2\alpha - m_f)\right] \quad (3.18)$$

由式(3.17)和式(3.18),可得

$$\alpha = \frac{1}{2}\arcsin\left(\frac{u_1 - u_2}{ku_0 \sin m_f}\right) \quad (3.19)$$

将式(3.16)代入式(3.19)可得大角度范围内方位角的计算公式为

$$\alpha = \frac{1}{2}\arcsin\left[\frac{u_1 - u_2}{(u_{11} + u_{12})\sin m_f}\right] \quad (3.20)$$

由于硬件不能直接进行反正弦函数的计算,这里采用硬件查表法实现反正弦函数的计算。因为查表间隔的限制,计算得出的方位角是粗略值,下仪器在粗略方位角信号的控制下转动至小角度范围内。

图 3.7 是方位角在 $-1° \sim 1°$ 范围内用 $y = x$ 分别代替 $y = \arctan x$、$y = \arcsin x$ 引起的误差图,由图 3.7 可见,传统算法中用 $y = x$ 代替 $y = \arctan x$ 引起的误差较大,而改用 $y = x$ 代替 $y = \arcsin x$ 引起的误差较小,所以在小角度范围内方位角的近似计算公式为

$$\alpha \approx \frac{u_1 - u_2}{2(u_{11} + u_{12}) * \sin m_f} \quad (3.21)$$

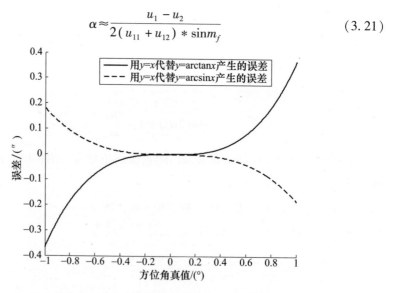

图 3.7　用 $y = x$ 分别近似逼近 $y = \arctan x$ 和 $y = \arcsin x$ 引起的误差分布图

下仪器在此信号的控制下继续转动至与上仪器精确对准。

3.2.2 方位测量方案

在大角度范围内需要粗略计算反正弦函数值,采用查表方式实现,因此,先给出数据存储表的设计、查表的相关内容,然后提供系统总体实现方案。

1. 大角度范围内反正弦函数的实现

为了最大限度地扩大方位角的测量范围,设计方位角的变化范围为 $-45°\sim$ $45°$,由于式(3.20)中系数 $\frac{1}{2}$ 的存在,反正弦函数 $y = \arcsin x$ 中 y 的变换范围应为 $-90°\sim 90°$。为了节约硬件存储空间,根据 x 的符号将 $-90°\sim 90°$ 分为两个区间:1区 $0°\leqslant \alpha < 90°$、2区 $-90°\leqslant \alpha < 0°$,如图3.8所示。设计的表格仅存储1区范围内的数据,2区内数据通过 $\sin\alpha = -\sin(-\alpha)$ 变换实现。

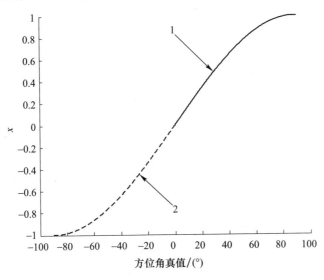

图3.8 x 的区间分布

对反正弦函数 $y = \arcsin x$ 设计表格时,为了将粗略方位角的计算精度控制在 $1°$ 范围内,这里设计了间隔为 $1°$、范围为 $1°\sim 90°$ 的表格,x 采用 12 位二进制表示,y 以度为单位,采用 7 位二进制表示。查表时查表值 $g(x)$ 的定义为

$$g(x) = \begin{cases} y(i), & x(i) \leqslant x < x(i+1), \text{且} x - x(i) \leqslant x(i+1) - x \\ y(i+1), & x(i) \leqslant x < x(i+1), \text{且} x - x(i) > x(i+1) - x \end{cases} \quad (3.22)$$

反正弦函数表如表3.3所列。

表 3.3　反正弦函数表

i	$x(i)$	$x(i)$的地址	$y(i)$的地址	y 的真值	$y(i)$的理论值	最大误差
1	0.017333984375	71	1	0.99321388907015	1	0.49691061891169
2	0.034912109375	143	2	2.000723093550889	2	0.50308938108831
3	0.05224609375	214	3	2.994844204713157	3	0.502310403437652
4	0.06982421875	286	4	4.003890990395944	4	0.50184575816075
⋮	⋮	⋮	⋮	⋮	⋮	⋮
44	0.694580078125	2845	44	43.993764303605495	44	0.509647899667904
45	0.70703125	2896	45	44.99388015045712	45	0.508321667108838
46	0.71923828125	2946	46	45.99162728684236	46	0.509455748166523
47	0.7314453125	2996	47	47.007696931921245	47	0.502711268468524
⋮	⋮	⋮	⋮	⋮	⋮	⋮
87	0.99853515625	4090	87	86.89839627091662	87	0.581569318657898
88	0.99951171875	4094	88	88.20943402685974	77	0.532345750534574
89	0.999755859375	4095	89	88.73390442073261	89	0.550659843212003
90	1	4096	90	90	90	0.895255662060947

2. 系统总体实现方案

结合系统实际情况,具体方案是:首先,将下仪器放置在上仪器正下方任意位置,测量得到 u_{11} 以及转动 90° 后得到的 u_{12};其次,依据采集到的 −45°~45° 范围内任意位置磁光调制后信号中两个横坐标不变的极值点 u_1、u_2,结合 u_{11}、u_{12} 计算得到 $y = \arcsin x$ 中 x 的值 $x = \dfrac{u_1 - u_2}{(u_{11} + u_{12})\sin m_f}$,根据 x 的符号查表获得大角度范围内的粗略方位角 α',下仪器在粗略方位角信号控制下转动至 1° 范围内;再次,系统在新状态下计算 $\Delta\alpha = \alpha - \alpha'$,利用新状态下采集到的横坐标不变的极值点 u'_1、u'_2 以及 u_{11}、u_{12} 计算出 $x' = \dfrac{u'_1 - u'_2}{(u_{11} + u_{12})\sin m_f}$,直接利用 $y = x$ 代替 $y = \arcsin x$ 得到小角度范围内方位角 $\Delta\alpha' = \dfrac{1}{2}x'$,下仪器在此信号控制下继续转动;最后,达到上、下仪器精确对准。系统总流程如图 3.9 所示。

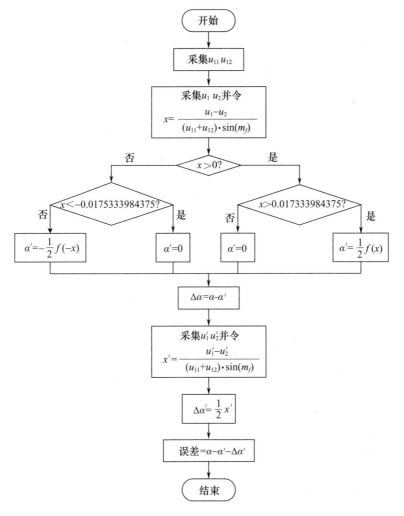

图 3.9　系统总体流程图

3.2.3　测量模型分析

1. 仿真结果分析

基于上述原理和实现方案,以 Matlab 为仿真工具,计算得到方位角在 −45°～45°范围内变化时粗略方位角计算值与真值的误差以及近似精确测量后计算值与真值的误差值,分别如图 3.10(a)、(b)所示。

由图 3.10(a)可见,经过大角度范围内反正弦函数查表粗略计算后,误差大部分控制在 0.25°之内,仅在 −45°、0°、45°附近误差较大,但都控制在 0.5°之内;

同样,由图 3.10(b)可见,经过小角度范围内近似精确计算后,误差大部分控制在 0.01″之内,仅在 −45°、0°、45°附近误差较大,但都控制在 0.1″之内。

在 0°左右产生相对较大误差主要是因为系统在检测到上下仪器之间的夹角小于 1°(实际是 0.9932°)时,不再采用查表计算粗略方位角,而是直接使用小角度近似精确测量引起的结果;在 −45°、45°附近产生相对较大误差主要是在 88°~90°范围内查表引起的误差。

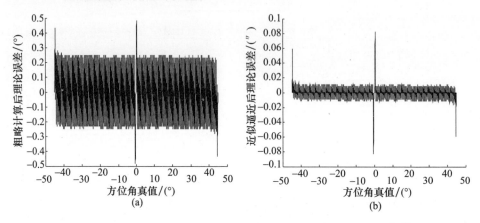

图 3.10　理想状态仿真结果图

提出的方法理论传递误差以及查表实现后传递误差与传统方法理论传递误差对比分别如图 3.11(a)(b)所示。图 3.11(a)为两种方法理论传递误差的对比,由图可见,提出的方法在传递精度方面远远高于传统方法;图 3.11(b)为上面提出的方法查表实现后的传递误差与传统方法理论误差的对比,可见上面提出的方法传递精度仍然较高。

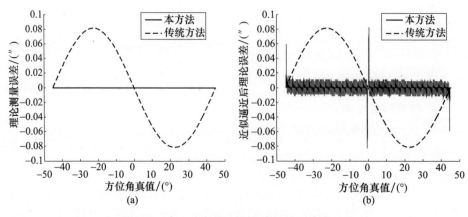

图 3.11　本方法与传统方法的理论误差对比图

2. 误差分析

图 3.11 的仿真结果是在完全理想的状态下进行的,但是在实际中,文中提出的方法主要受两个因素影响:调制后信号中极值点的采集精度、u_0 计算中下仪器转动 90°角度值的精确测量。

调制后信号中极值点的采集:文中采用取样积分电路实现极值点的获取,根据被采样信号的特点,经过计算设定门宽、阈值以及运行时间,即可得到信号中的极值,详见文献[100]。

u_0 计算中下仪器转动 90°角度值的精确测量:利用与下仪器固联的光栅盘测量下仪器转动的精确角度值,目前光栅测角的精度已经达 1″。为稳妥起见,以下仪器转动90° ±3″为例,计算得到了粗略方位角计算值与真值的误差以及近似精确测量后计算值与真值的误差,分别如图 3.12(a)、(b)所示。

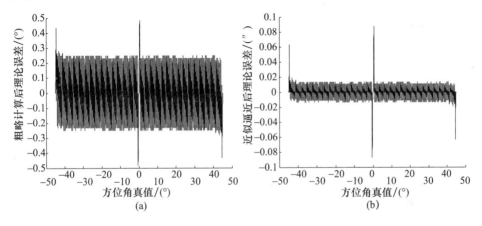

图 3.12 下仪器转动90° ±3″后仿真结果图

由图 3.12(a)可见,经过大角度范围内反正弦函数查表粗略计算后,误差几乎没有变化,主要是因为查表时误差控制范围为 1°,3″远远小于 1°;由图 3.12(b)可见,经过近似精确计算后,系统传递误差略有增大,主要是因为下仪器转动 90°时转动角度值误差引起 u_{12} 变化造成的,只要下仪器转动的角度精确控制在一定范围内,此误差是可以控制的。

3.3 基于混合信号的方位测量方法三

3.3.1 调制后混合信号分析

通过前面对传统方位测量方法的研究,发现该方法只能应用在小角度范围内,实际有效方位测量范围非常有限。

　　为了分析方位测量范围有限的原因,以 $k = 100$, $m_f = 0.0087\text{rad}$ 为例,得到了方位角在 $-90° \sim 90°$ 范围内变化时磁光调制后混合信号的分布情况,如图 3.13 所示。

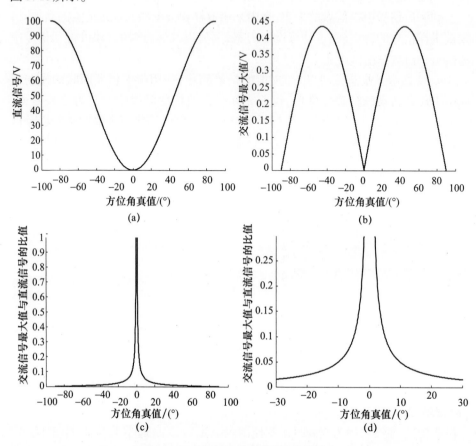

图 3.13　磁光调制后混合信号成分分析

　　图 3.13(a)(b)(c)(d)依次为磁光调制后混合信号中的直流信号、交流信号幅值最大值、交流信号幅值最大值与直流信号的比值以及 0°附近交流信号幅值最大值与直流信号的比值情况。由图 3.13 可见,随着方位角的增大,混合信号中直流信号越来越强;交流信号幅值最大值存在周期性,在 $\pm 45°$ 处取得极大值,在 $-90°$、$0°$、$90°$ 处取得极小值;但交流信号幅值最大值与直流信号的比值随着方位角的增大急剧减小,在方位角为 10°时,二者的比值已经不足 5% 。由此可见,随着方位角的增大,交流信号在混合信号中的比重越来越小,交流信号越来越微弱,因此,交流信号提取越来越困难,这是传统方法中利用交流信号极大

44

值实现方位测量存在方位角测量范围小的根本原因。

3.3.2 方位测量模型

根据上述磁光调制后混合信号成分分析可见,在大角度范围内,可以利用混合信号中信号强度较强的直流信号计算方位角,在小角度范围内,利用交流信号计算方位角。

1. 大角度范围内粗略方位角模型

对式(2.1)中调制后信号进行低通滤波处理,得到磁光调制后混合信号中直流分量 u_{00} 的表达式为

$$u_{00} = ku_0 \sin^2 \alpha \tag{3.23}$$

从而得到大角度范围内方位角的计算模型为

$$\alpha = \begin{cases} \dfrac{1}{2}\arccos\left(1 - \dfrac{2u_{00}}{ku_0}\right), & \alpha \in [0°, 90°] \\ -\dfrac{1}{2}\arccos\left(1 - \dfrac{2u_{00}}{ku_0}\right), & \alpha \in [-90°, 0°] \end{cases} \tag{3.24}$$

式(3.24)中,u_{00} 可以通过对磁光调制后混合信号进行低通滤波处理获得,反余弦函数的计算可以通过硬件查表法实现,查表间隔决定反余弦函数的计算精度,方位角正负的判断可由3.3.3节提供的方法获得,唯有初始光强 u_0 不能确定,但它又直接影响方位角的计算精度,所以必须精确测量 u_0。

2. 大角度范围内初始光强的计算

在上下仪器同轴的基础上,设下仪器转动的角度为 β,当上、下仪器之间的任意初始方位角 $\alpha_1 \in (-90°, 90° - \beta)$ 时,将下仪器架设在已经预先标定好的 $0° \sim 180°$ 范围内 $\alpha_1 + 90°$ 的初始位置处,并测量得到该处磁光调制后混合信号中的直流信号 u_{01},建立 α_1 与 u_{01} 的关系为

$$u_{01} = ku_0 \sin^2(\alpha_1 + 90°) = ku_0 \cos^2 \alpha_1 \tag{3.25}$$

之后,下仪器在 $\alpha_1 + 90°$ 的基础上转动角度 β 至 $\alpha_1 + \beta + 90°$,利用与下仪器固定连接的光栅盘准确测量实际转动的角度,并获取 $\alpha_1 + \beta + 90°$ 处磁光调制后混合信号中的直流信号 u_{02},建立 α_1 与 u_{02} 的关系式为

$$u_{02} = ku_0 \sin^2(\alpha_1 + \beta + 90°) = ku_0 \cos^2(\alpha_1 + \beta) \tag{3.26}$$

式(3.25)、式(3.26)联立,并根据 $\alpha_1 \in (-90°, 90° - \beta)$ 得到 u_0 的计算公式为

$$u_0 = \frac{u_{01} + u_{02} - 2\cos\beta \sqrt{u_{01}u_{02}}}{k \sin^2\beta} \tag{3.27}$$

此方法可以实现初始方位角在 $-90° \sim 90° - \beta$ 范围内时 u_0 的精确计算,计算公式简单,对下仪器转动的角度要求不高、光栅盘精确测量转动的角度容易实现,但是对下仪器的初始架设位置略有限制,操作时需要注意。

3. 小角度范围内方位角计算模型的建立

当下仪器在粗略方位角信号的控制下逐渐转动至预先设定的小角度范围内时,采集磁光调制后混合信号中的交流信号,经分析交流信号中恒存在两个横坐标不变的极值点 u_{A1}、u_{A2},将 u_{A1}、u_{A2} 代入式(2.11)得到方位角为式(2.13)

下仪器在此信号的控制下继续转动至与上仪器对准。

3.3.3 方位测量方案

1. 方位角符号判断

由图2.4可见,混合信号中各成分均在 0° 左右成对称分布,且考虑到余弦函数在整周期范围内也同样在 0° 左右成对称分布,它们都不能实现方位角正负的区分,所以有必要寻找判断方位角正负的方法。

图3.14是方位测量系统中的正弦波调制信号,图3.15(a) ~ (f)依次是方位角分别为 $-89°$、$-45°$、$-1°$、$1°$、$45°$、$89°$ 时调制后混合信号中的交流信号。

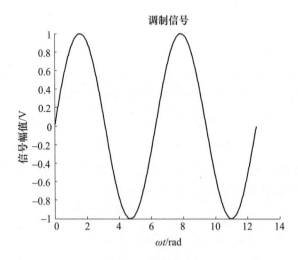

图 3.14　磁光调制信号

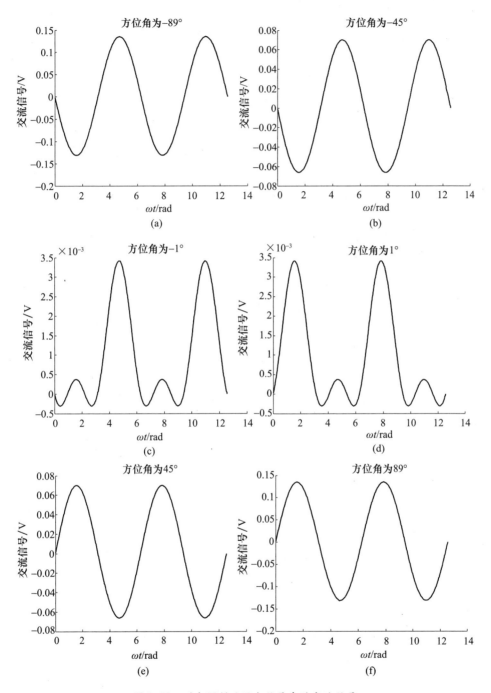

图 3.15　磁光调制后混合信号中的交流信号

通过调制信号与调制后混合信号中交流信号的相位对比发现:当方位角为正值时,二者相位相同;当方位角为负值时,二者相位相反。因此,可以根据被测位置磁光调制前后交流信号的相位对比判断方位角的正负。

2. 大角度范围内反余弦函数查表法的实现

由于前面已经解决了判断方位角正负的问题,所以反余弦函数的计算只需要考虑正半轴即可,当方位角为负值时,利用正负区间的左右对称性即可解决。

为了最大限度地扩大方位角的测量范围,正半轴设计方位角的变化范围为 $0° \sim 90°$,由于式(3.24)中系数 $\frac{1}{2}$ 的存在,反余弦函数 $y = \arccos x$ 中 y 的变换范围应为 $0° \sim 180°$。为了节约硬件存储空间,根据 x 的正、负将 $0° \sim 180°$ 分为两个区间:1 区 $0° \leqslant \alpha < 90°$、2 区 $90° \leqslant \alpha < 180°$,具体如图 3.16 所示。设计的表格仅存储 1 区范围内的数据,2 区内数据通过 $\cos\alpha = -\cos(180° - \alpha)$ 变换实现。

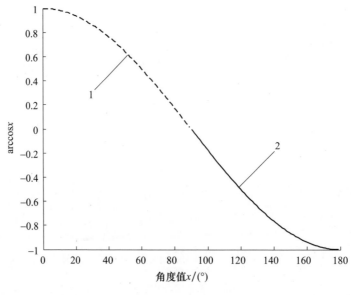

图 3.16　x 的区间分布

对反余弦函数 $y = \arccos x$ 设计表格时,为了将粗略方位角的计算精度控制在 1°范围内,设计了间隔为 1°、范围在 $0° \sim 90°$ 的表格,x 采用 12 位二进制表示,y 以度(°)为单位,采用 7 位二进制表示,如表 3.4 所列。查表时,查表值 $g(x)$ 的定义见式(3.22)。

48

表 3.4　反余弦函数表

i	$x(i)$	$x(i)$的地址	$y(i)$的地址	y的真值	$y(i)$的理论值	最大误差
1	1	4096	1	0	0	0.895255662060943
2	0.999755859375	4095	2	1.266095579267397	1	0.550659843212012
3	0.99951171875	4094	3	1.790565973140261	2	0.532345750534577
⋮	⋮	⋮	⋮	⋮	⋮	⋮
44	0.7314453125	2996	44	42.99230306807876	43	0.502711268468531
45	0.71923828125	2946	45	44.00837271315764	44	0.509455748166523
46	0.70703125	2896	46	45.006119849542884	45	0.508321667108831
47	0.694580078125	2845	47	46.006235696394505	46	0.509647899667911
48	0.681884765625	2793	48	47.00889858160817	47	0.504126269126232
⋮	⋮	⋮	⋮	⋮	⋮	⋮
89	0.034912109375	143	89	87.99927690644911	77	0.503089381088316
90	0.017333984375	71	90	89.00678611092985	89	0.503411709434374
91	0	0	91	90	90	0.496588290565626

3. 总体实施方案

结合系统实际情况,具体方案是:在上、下仪器对准的基础上,首先将下仪器放置在 $0°\sim180°$ 范围内任意初始位置处测量得到 u_{01},之后转动 β 测量得到 u_{02},根据式(3.27)计算出 u_0;然后将下仪器放置在任意被测位置,根据调制信号与调制后混合信号中交流信号的相位对比判断被测方位角的正负,并测量得到磁光调制后混合信号中的直流信号 u_{00},结合已经计算出的 u_0 得到 $y = \arccos x$ 中 x 的值 $x = 1 - \dfrac{2u_{00}}{ku_0}$。根据 x 的符号和方位角的正负,通过查表法得到大角度范围内的粗略方位角 α',下仪器在粗略方位角信号的控制下转动至 $1°$ 范围内;在小角度范围内,利用新状态下磁光调制后交流信号中两个横坐标不变的极值点 u_{A1}、u_{A2} 的值,计算出 $x' = \dfrac{J_2(m_f)}{J_1(m_f)} \dfrac{u_{A1} + u_{A2}}{u_{A1} - u_{A2}}$,并将其直接代入公式 $\Delta\alpha' \approx \dfrac{1}{2}x'$ 得到小角度范围内的方位角,下仪器在此信号控制下继续转动,最终达到上下仪器精确对准(图 3.17)。

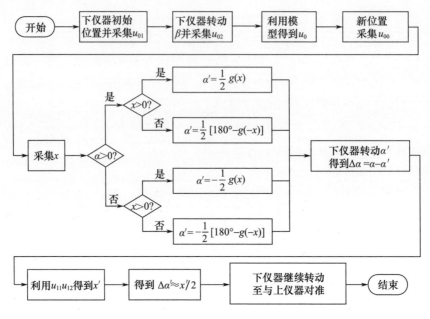

图 3.17　系统总流程图

3.3.4　测量模型分析

1. 仿真结果分析

基于上述原理和实现方案,以 Matlab 为仿真工具,计算得到了方位角在 $-90° \sim 90°$ 范围内变化时粗略方位角的计算值与真值的误差以及方位角最终计算值与真值的误差,分别如图 3.18(a)(b)所示。

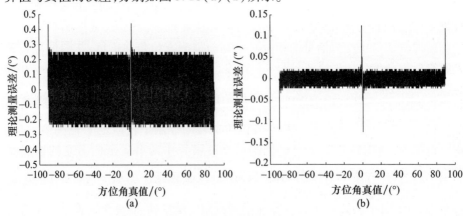

图 3.18　理论仿真结果

由图 3.18(a)可见,经过大角度范围内反余弦函数查表粗略计算后,大部分误差都控制在 0.3°之内,仅在 −90°、0°、90°附近误差较大,但都控制在 0.5°之内;同样,由图 3.18(b)可见,经过小角度范围内计算后,误差大部分控制在 0.02″之内,仅在 −90°、0°、90°附近误差较大,但都控制在 0.15″之内。此方法的测量范围为 −90°~90°,优于传统方法。

在 −90°、0°、90°附近产生相对较大误差,主要是因为在 0°~1°范围内查表或者是将 −179°~−180°、179°~180°范围内角度转换为 0°~1°范围内查表误差较大(约 0.9°)引起的。

2. 初始光强计算误差引起的系统误差分析

系统中主要的误差源包括初始光强 u_0 计算误差引起的系统误差以及硬件采集电路信号采集引起的误差。由于硬件电路的数据采集精度可以随着主要元器件的性能改进而逐渐提高,因而不再赘述,这里主要分析初始光强 u_0 计算误差引起的系统误差。

初始光强 u_0 计算误差主要来源于下仪器转动角度 β 的测量误差,由于目前光栅测角的精度已经达到 1″,为稳妥起见,以 $k=100$、$u_0=1V$、$\alpha_1=30°$、$\beta=30°$、光栅测量实际获得的转动角度为 30°±10″为例,得到了 u_0 的计算值与真值的对比图以及由此引起的系统测量误差,分别如图 3.19(a)(b)所示。由图 3.19 可见,即使光栅测角的误差已经高达 10″,但是初始光强的计算误差仍然控制在 0.01% 以内,而且系统的最终测量误差仍然大部分控制在 0.02″之内,基本没有变化,仅在 −90°、90°附近小范围内误差略有增加,是 u_0 计算误差引起的累积误差所致,但仍然在 0.2″之内。所以,由光栅测角误差引起的初始光强计算误差可以忽略不计。

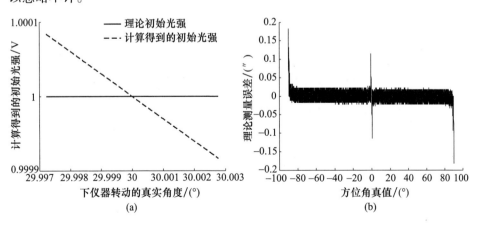

图 3.19 下仪器的转动角度测量误差引起的系统误差分析图

3.4　基于组合策略的方位测量方法

根据 2.1.2 节磁光调制后信号成分分析可知,随着方位角的增大,直流信号增强,交流信号在混合信号中的比重越来越小,交流信号相对越来越微弱,交流信号中极值点的提取越来越困难,这就是 2.1 节中传统方位测量方法以及 2.4 节所建模型方位测量范围不能有效扩大的根本原因。同样,方位角较大时,直流信号增强、交流信号中极值点相对减弱,造成混合信号中的极值点采集越来越困难,这就是本章前面所建模型方位测量范围有限的原因。

3.4.1　方位测量模型

既然方位角较大时,调制后混合信号中的直流信号增强,能否利用直流信号计算方位角;当方位角较小时,交流信号占优,则利用交流信号计算方位角[100]。

1. 大角度范围内粗略方位角计算模型

当方位角较大时,对调制后的混合信号进行低通滤波处理,得到调制后信号中的直流信号为

$$u_{00} = \frac{ku_0}{2}\left[1 - J_0(m_f) \cdot \cos(2\alpha)\right] \tag{3.28}$$

利用调制后直流信号建立大角范围内方位角计算模型为

$$\alpha = \begin{cases} \dfrac{1}{2}\arccos\left[\dfrac{ku_0 - 2u_{00}}{J_0(m_f) \cdot ku_0}\right], \alpha \in [0°, 90°] \\[4mm] -\dfrac{1}{2}\arccos\left[\dfrac{ku_0 - 2u_{00}}{J_0(m_f) \cdot ku_0}\right], \alpha \in [-90°, 0°) \end{cases} \tag{3.29}$$

在式(3.29)中,对调制后的混合信号进行低通滤波处理能够获得 u_{00},利用查表法能够实现反余弦函数的计算,查表间隔决定反余弦函数的计算精度,方位角正、负区间的判断可由 3.3.3 节提供的方法获取,唯有初始光强 u_0 不能确定,但是它又直接影响方位角的计算精度,因此必须测量 u_0。

2. 初始光强的测量

在上、下仪器同轴且平行的基础上,将下仪器架设在任意未知初始位置 α_1 处,测量得到该处调制后的直流信号 u_{01},建立 α_1 与 u_{01} 的关系,即

$$u_{01} = \frac{ku_0}{2}\left[1 - J_0(m_f) \cdot \cos(2\alpha_1)\right] \tag{3.30}$$

之后,将下仪器在 α_1 的基础上转动90°至 $\alpha_1 + 90°$ 处,利用下仪器内部的光

栅盘准确测量实际转动的角度，并获取 $\alpha_1 + 90°$ 处调制后的直流信号 u_{02}，建立 α_1 与 u_{02} 的关系，即

$$u_{02} = \frac{ku_0}{2}\left[1 - J_0(m_f) \cdot \cos2(\alpha_1 + 90°)\right] = \frac{ku_0}{2}\left[1 + J_0(m_f) \cdot \cos(2\alpha_1)\right]$$

(3.31)

联立式(3.30)、式(3.31)，得到 u_0 的计算公式为

$$u_0 = \frac{u_{01} + u_{02}}{k}$$

(3.32)

此方法能够实现 u_0 的精确计算，对下仪器的初始架设位置没有限制，计算公式简单，操作简便易行。对下仪器实际转动的角度，光栅盘能够精确测量。

3. 小角度范围内方位角模型

当下仪器在粗略方位角信号控制下逐渐转动至小角度范围内时，采集调制后交流信号中两个恒定存在且横坐标不变的极值点 u_{a1}、u_{a2}，将 u_{a1}、u_{a2} 代入 2.3 节建立的精确方位模型式(2.38)即可得到方位角。下仪器在此信号控制下继续转动，直至与上仪器对准。

3.4.2 方位测量方案

1. 方位角符号判断

与 3.3.3 节相同，此处不再赘述。

2. 总体实施方案

结合系统实际，具体测量方案如图 3.20 所示。在上、下仪器对准的基础上：首先将下仪器放置在任意初始位置测量得到 u_{01}，之后转动 90° 并测量得到 u_{02}，根据式(3.32)计算出 u_0；然后将下仪器放置在任意被测位置，根据调制信号与调制后交流信号的相位对比判断被测量位置方位角的正负，并测量得到该处调制后的直流信号 u_{00}。结合计算得到的 u_0，利用 $x = 1 - \dfrac{2u_{00}}{ku_0}$ 得到 $y = \arccos x$ 中的 x，根据 x 的符号和方位角的正负，采用查表法得到大角度范围内粗略方位角 β，下仪器在粗略方位角信号控制下转动至小角度范围内；在小角度范围内，采集新状态下调制后交流信号中两个横坐标不变的极值点 u_{a1}、u_{a2}，直接代入式(2.38)即可得到小角度范围内的方位角，下仪器在此信号控制下继续转动，最终达到与上仪器精确对准。图 3.20 中 $f(x)$ 为反余弦函数查表时与 x 对应的粗略方位角。

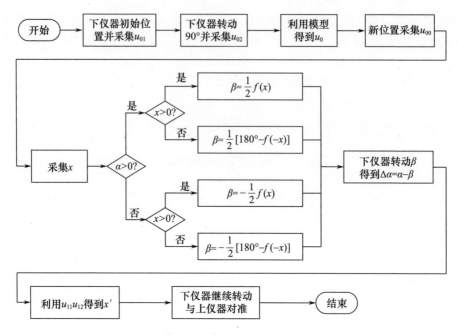

图 3.20　基于组合策略的方位测量方法流程图

3.4.3　测量模型分析

根据上述原理和实现方案,方位角在 $-90°\sim90°$ 范围内变化时,基于组合策略的方法理论方位测量误差如图 3.21 所示,其中图 3.21(a)为粗略方位角计算值与真值之间的理论误差,图 3.21(b)为方位角最终计算值与真值之间的理论误差。

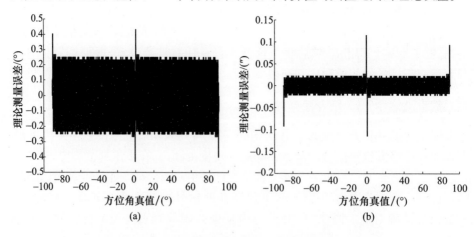

图 3.21　基于组合策略的方法理论方位测量误差分布图

由图 3.21(a)可见,方位角较大时,经过查表粗略计算后,理论误差大部分都控制在 0.3°之内,仅在 −90°、0°、90°附近误差较大,但都控制在 0.5°之内;同样,由图 3.21(b)可见,方位角较小时,理论误差大部分控制在 0.02″之内,仅在 −90°、0°、90°附近误差较大,但都控制在 0.15″之内。在 −90°、0°、90°附近产生相对较大误差,主要是 0°~1°范围内未查表引起的。此外,该方法的理论方位测量范围为 −90°~90°,优于传统方位测量方法。

第4章　基于对称波形磁光调制的方位测量

本章分别将方波、三角波、锯齿波磁光调制引入方位测量中,分析了各自建立方位测量模型的可行性。结合传统基于正弦波磁光调制的方位测量研究,总结得到了基于对称波形磁光调制的方位测量规律[2-3,101-102]。

4.1　基于方波磁光调制的方位测量

4.1.1　基于交流信号的方位测量方法

基于方波磁光调制的方位测量原理如图4.1所示。上仪器中激光器发出的激光经过起偏器后成为线偏振光,当线偏振光通过调制器中磁光材料时,在方波激励信号产生的磁场作用下,发生法拉第磁致旋光效应,光波偏振面发生偏转,实现了偏振光信号的调制。调制后信号携带有上下仪器之间的方位信息,并传输到下仪器的检偏器、聚光镜、光电转换。下仪器中信号检测与处理系统对光电转换后的信号进行处理、提取出与方位信息对应的电压信号,再经过一定的算法处理获得方位信息,下仪器在此方位信息控制下逐渐转动,达到与上仪器精确对准。

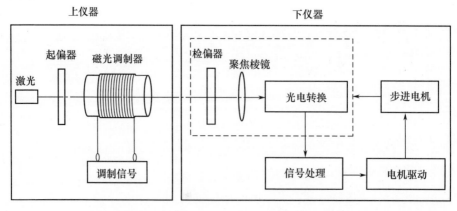

图 4.1　基于方波磁光调制的方位测量原理图

设方波调制信号为

$$f(t) = \begin{cases} 1, t \in [0, T/2) \\ -1, t \in [T/2, T) \end{cases} \qquad (4.1)$$

式中:T 为调制信号周期;t 为时间变量。

设 θ 为磁光调制过程中光波偏振面的旋转角,则

$$\theta = \frac{1}{2} m_f f(t) = \begin{cases} \frac{1}{2} m_f, t \in [0, T/2) \\ -\frac{1}{2} m_f, t \in [T/2, T) \end{cases} \qquad (4.2)$$

式中:m_f 为调制度,单位为 rad。

根据马吕斯定律,结合系统工作原理,线偏振光穿过调制器后到达下仪器,经过光电转换、放大处理后的信号为式(2.1),式中各参数定义与 2.1 节相同。

将式(2.1)展开后得到

$$u = ku_0 (\sin^2\theta \cos^2\alpha + \cos^2\theta \sin^2\alpha + 2\sin\theta\cos\theta\sin\alpha\cos\alpha) \qquad (4.3)$$

将 $\cos^2\theta = 1 - \sin^2\theta$、$\theta = \frac{1}{2} m_f f(t)$ 代入式(4.3),化简后得到

$$u = \begin{cases} \dfrac{ku_0}{2} [1 - \cos m_f \cos(2\alpha) + \sin(2\alpha)\sin m_f], t \in [0, T/2) \\ \dfrac{ku_0}{2} [1 - \cos m_f \cos(2\alpha) - \sin(2\alpha)\sin m_f], t \in [T/2, T) \end{cases} \qquad (4.4)$$

当方位角 α 不变而时间变量 t 变化时,式(4.4)中仅有 $\dfrac{ku_0}{2} [1 - \cos m_f \cos(2\alpha)]$ 是恒定量,因此系统中磁光调制后信号中的直流信号为

$$u_d = \frac{ku_0}{2} [1 - \cos m_f \cos(2\alpha)] \qquad (4.5)$$

交流信号为

$$u_a = u - u_d = \pm \frac{ku_0}{2} [\sin(2\alpha)\sin m_f] \qquad (4.6)$$

结合调制信号式(4.1),得到调制后的交流信号为

$$u_a = \begin{cases} \dfrac{ku_0}{2} [\sin(2\alpha)\sin m_f], t \in [0, T/2) \\ -\dfrac{ku_0}{2} [\sin(2\alpha)\sin m_f], t \in [T/2, T) \end{cases} \qquad (4.7)$$

当方位角 α 为某一个固定值时，以 $m_f = 0.087\mathrm{rad}$，$k = 20$，$u_0 = 1\mathrm{V}$，$T = 0.01\mathrm{s}$ 为例，随着时间变量 t 的变化，调制后信号中的交流信号如图 4.2 所示。

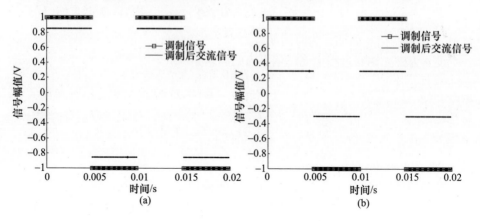

图 4.2 方位角分别为 40°、10°时方波磁光调制信号与调制后交流信号图
(a)方位角为 40°；(b)方位角为 10°。

由图 4.2 可见，方位角分别为 40°、10°时调制后信号中的交流信号为上下幅值对称、与调制信号频率相同的方波信号。分别采集调制后的直流信号、交流信号并令直流信号 $u_d = \dfrac{ku_0}{2}[1 - \cos m_f \cos(2\alpha)]$、交流信号幅值 $u_{a1} = \dfrac{ku_0}{2} \cdot \sin(2\alpha)$ $\sin m_f$，从而得到

$$\frac{u_d}{u_{a1}} = \frac{1 - \cos m_f \cos(2\alpha)}{\sin m_f \sin(2\alpha)} \tag{4.8}$$

将升幂公式 $\sin(2\alpha) = \dfrac{2\tan\alpha}{1 + \tan^2\alpha}$、$\cos(2\alpha) = \dfrac{1 - \tan^2\alpha}{1 + \tan^2\alpha}$ 代入式(4.8)，化简后得到

$$u_{a1}(1 + \cos m_f)\tan^2\alpha - 2\sin m_f u_d \tan\alpha + u_{a1}(1 - \cos m_f) = 0 \tag{4.9}$$

式(4.9)根的判别式为

$$\Delta = 4(u_d^2 - u_{a1}^2)(\sin m_f)^2 \tag{4.10}$$

当方位角在 −90°~90°范围内变化时，经分析可知 $(u_d^2 - u_{a1}^2) \geq 0$、$(\sin m_f)^2 > 0$，因此，$\Delta \geq 0$ 恒成立，式(4.9)始终有解，即

$$\tan\alpha = \frac{\sin m_f(u_d \pm \sqrt{u_d^2 - u_{a1}^2})}{u_{a1}(1 + \cos m_f)} \tag{4.11}$$

由此得到方位角计算公式为

58

$$\alpha' = \arctan\left[\tan\left(\frac{m_f}{2}\right) \frac{(u_d \pm \sqrt{u_d^2 - u_{a1}^2})}{u_{a1}} \right] \qquad (4.12)$$

对于从调制后信号中测量得到的每一组数据 u_{a1}、u_d 而言,根据式(4.12)却计算得到了两个方位角,但是在实际中二者应该是一一对应关系。由此可见,利用式(4.12)计算得到的方位角存在增根,有必要分析讨论去除方程的增根。

以 $m_f = 0.0087\mathrm{rad}$,$k = 20$,$u_0 = 1\mathrm{V}$,$T = 0.01\mathrm{s}$ 为例,图 4.3 所示为式(4.9)根的分布情况,其中图 4.3(a)表示方位角在 $-90° \sim 90°$ 范围内变化时方程根的分布情况,图 4.3(b)为方位角在 $-2° \sim 2°$ 范围内变化时方程根的分布图,图中横坐标为方位角真值,纵坐标是方位角测量值。

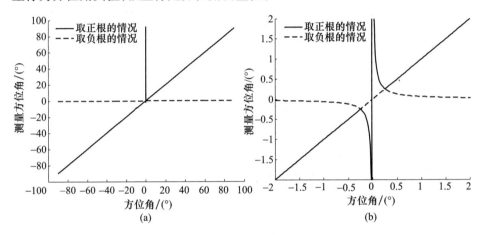

图 4.3　式(4.9)根的分布情况

(a)方位角在 $-90° \sim 90°$ 范围内方程根的全局图;(b)方位角在 $-2° \sim 2°$ 范围内方程根的局部图。

根据图 4.3 的绘图规则,理论上方位角真值与测量值之间是一一对应关系,而且二者之间成斜率为 1 的线性关系。由此可知,图 4.3 中斜率为 1 的直线是方程的根,它被分为 3 个部分,分界点在于

$$u_d^2 - u_{a1}^2 = 0 \qquad (4.13)$$

解得分界点为 $\pm\frac{1}{2}m_f$,因此,方位角在 $-90° \sim 90°$ 范围内变化时式(4.9)的根为

$$\alpha' = \begin{cases} \arctan\left[\tan\left(\frac{m_f}{2}\right) \frac{(u_d - \sqrt{u_d^2 - u_{a1}^2})}{u_{a1}} \right], \alpha \in \left(-\frac{1}{2}m_f, \frac{1}{2}m_f \right) \\ \arctan\left[\tan\left(\frac{m_f}{2}\right) \frac{(u_d + \sqrt{u_d^2 - u_{a1}^2})}{u_{a1}} \right], 其他 \end{cases} \qquad (4.14)$$

方位角真值是被测量值,不可能事先获得真值的信息并判断其是否在式(4.14)的范围内,因此式(4.14)的实际操作性较差。通过对调制后信号中直流信号 u_d、交流信号幅值 u_{a1} 的分析发现,能够根据 u_{a1}/u_d 的增减性判断方位角所处的区间,从而确定方程的根,具体如下。

以 $m_f = 0.0087\mathrm{rad}, k = 20, u_0 = 1\mathrm{V}, T = 0.01\mathrm{s}$ 为例,方位角在 $-90° \sim 90°$ 范围内变化时 u_d、u_{a1} 以及 u_{a1}/u_d 的变化曲线如图 4.4 所示,其中图 4.4(a)为方位角在 $-90° \sim 90°$ 范围内变化时 u_d、u_{a1} 的变化图。由于 u_d、u_{a1} 均与系统初始光强 u_0 和电路放大倍数 k 紧密相关,直接采用这两个信号会引入其他变量。为了消除 u_0、k 的影响,考虑二者的比值,图 4.4(b)为方位角在 $-90° \sim 90°$ 范围内变化时 u_{a1} 与 u_d 的比值 u_{a1}/u_d 变化曲线,为了更加清晰地分析比值曲线的变化规律,图 4.4(c)为方位角在 $-2° \sim 2°$ 范围内变化时 u_{a1}/u_d 的变化曲线,图 4.4(d)为方位角在 $-1° \sim 1°$ 范围内变化时 u_{a1}/u_d 的变化曲线。

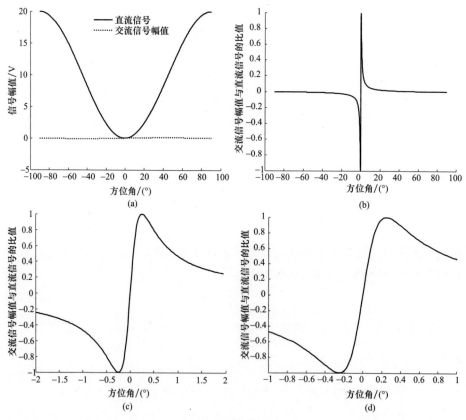

图 4.4　方波调制后直流信号 u_d、交流信号幅值 u_{a1} 以及 u_{a1}/u_d 的变化曲线

60

由图 4.4 可见，u_{a1}/u_d 的变化曲线存在规律：当方位角在 $-90° \sim -\frac{1}{2}m_f$ 或者 $\frac{1}{2}m_f \sim 90°$ 区间内时，u_{a1}/u_d 为减函数；当方位角在 $-\frac{1}{2}m_f \sim \frac{1}{2}m_f$ 区间内时，u_{a1}/u_d 为增函数。由此可见，u_{a1}/u_d 增减特性变化分界点是方位角为 $\pm\frac{1}{2}m_f$ 时。因此，结合式(4.14)，确定方位角的最终计算模型为

$$\alpha' = \begin{cases} \arctan\left[\tan\left(\dfrac{m_f}{2}\right) \dfrac{(u_d - \sqrt{u_d^2 - u_{a1}^2})}{u_{a1}} \right], u_{a1}/u_d \text{ 为增函数} \\ \arctan\left[\tan\left(\dfrac{m_f}{2}\right) \dfrac{(u_d + \sqrt{u_d^2 - u_{a1}^2})}{u_{a1}} \right], u_{a1}/u_d \text{ 为减函数} \end{cases} \quad (4.15)$$

由模型式(4.15)可见，模型中仅有 u_d、u_{a1} 为未知量，在实际测量中仅需要测量调制后的直流信号 u_d 和交流信号幅值 u_{a1} 并代入模型式(4.15)，同时，结合二者的比值 u_{a1}/u_d，即可得到上下仪器之间的方位信息。

在实际应用中，系统测量精度受硬件反正切计算能力、信号采样精度等多种因素影响。以 $m_f = 0.0087\text{rad}$，$k = 10$，$u_0 = 1\text{V}$，$T = 0.01\text{s}$ 为例，仿真方式研究该模型的理论测量精度和测量范围，图 4.5(a)为方位角在 $-90° \sim 90°$ 范围内变化时模型的理论方位测量误差分布图，图 4.5(b)为方位角在 $-0.5° \sim 0.5°$ 范围内变化时图 4.5(a)的局部图。

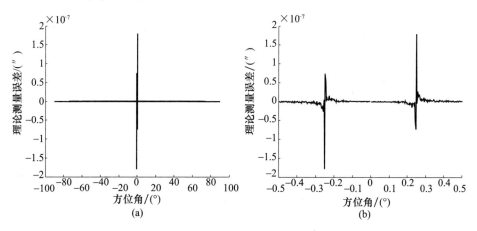

图 4.5　基于方波调制后交流信号的方法理论方位测量误差分布图

本方法与传统方位测量方法的理论测量误差对比如图 4.6 所示，由图 4.6 可见，该方法在测量精度方面高于传统方法。

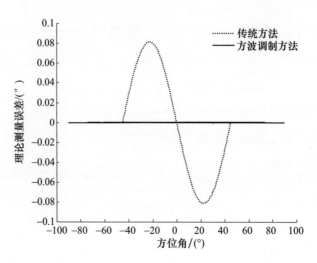

图 4.6　本方法与传统方法的理论方位测量误差对比图

4.1.2　基于混合信号的方位测量方法

1. 正切表示的方位测量模型

系统原理、调制信号模型与 4.1 节完全相同。将式(4.2)代入式(2.1)后得到调制后的混合信号为

$$u = \frac{ku_0}{2}[1 - \cos(2\alpha + 2\theta)] = \begin{cases} \dfrac{ku_0[1 - \cos(2\alpha + m_f)]}{2}, t \in [0, T/2) \\[3mm] \dfrac{ku_0[1 - \cos(2\alpha - m_f)]}{2}, t \in [T/2, T) \end{cases}$$

(4.16)

当方位角 α 为某一个固定值时，以 $m_f = 0.087\text{rad}, k = 10, u_0 = 1\text{V}, T = 0.01\text{s}$ 为例，方位角分别为 50°、10°时调制后的混合信号具体如图 4.7 所示。由图 4.7 可见，方波磁光调制后的混合信号为两个幅值不等、交替出现、与调制信号同频率的方波信号。

采集调制后的混合信号，并令 $u_1 = \dfrac{ku_0[1 - \cos(2\alpha + m_f)]}{2}$、$u_2 = \dfrac{ku_0[1 - \cos(2\alpha - m_f)]}{2}$，从而得到

$$\frac{u_1}{u_2} = \frac{1 - \cos(2\alpha + m_f)}{1 - \cos(2\alpha - m_f)} = \frac{1 - \cos(2\alpha)\cos m_f + \sin(2\alpha)\sin m_f}{1 - \cos(2\alpha)\cos m_f - \sin(2\alpha)\sin m_f}$$

(4.17)

62

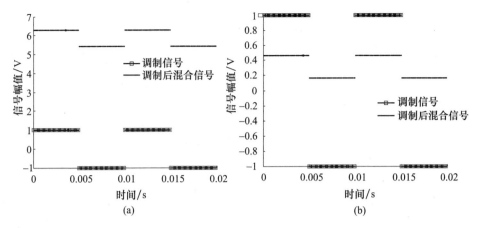

图 4.7　方位角分别为 50°、10° 时方波磁光调制信号与调制后混合信号图
(a)方位角为 50°；(b)方位角为 10°。

将升幂公式 $\sin(2\alpha) = \dfrac{2\tan\alpha}{1+\tan^2\alpha}$、$\cos(2\alpha) = \dfrac{1-\tan^2\alpha}{1+\tan^2\alpha}$ 代入式(4.17)，化简后得到

$$(u_1 - u_2)(1 + \cos m_f)\tan^2\alpha - 2\sin m_f(u_1 + u_2)\tan\alpha + (u_1 - u_2)(1 - \cos m_f) = 0$$

(4.18)

式(4.18)根的判别式为

$$\Delta = 16 u_1 u_2 (\sin m_f)^2$$

(4.19)

当方位角 α 在 $-90° \sim 90°$ 范围内变化时，经分析可知，$u_1 \geqslant 0$、$u_2 \geqslant 0$、$(\sin m_f)^2 > 0$，因此，$\Delta \geqslant 0$ 恒成立，式(4.18)始终有解，即

$$\tan\alpha = \frac{\sin m_f(u_1 + u_2 \pm 2\sqrt{u_1 u_2})}{(u_1 - u_2)[1 + \cos m_f]}$$

(4.20)

由此得到方位角计算公式

$$\alpha' = \arctan\left[\tan m_f \frac{(\sqrt{u_1} \pm \sqrt{u_2})^2}{(\sqrt{u_1} + \sqrt{u_2})(\sqrt{u_1} - \sqrt{u_2})}\right]$$

(4.21)

与式(4.9)情况类似，式(4.18)也存在增根，必须去除增根。以 $m_f = 0.0087\text{rad}$，$k = 10$，$u_0 = 1\text{V}$，$T = 0.01\text{s}$ 为例，式(4.18)根的分布情况如图 4.8 所示。理论上，方位角真值与测量值应该成斜率为 1 的线性关系，由此确定图 4.8 中斜率为 1 的直线应该是方程的根，它被分为三部分，分界点在于

$$\frac{(\sqrt{u_1} + \sqrt{u_2})^2}{(\sqrt{u_1} + \sqrt{u_2})(\sqrt{u_1} - \sqrt{u_2})} = \frac{(\sqrt{u_1} - \sqrt{u_2})^2}{(\sqrt{u_1} + \sqrt{u_2})(\sqrt{u_1} - \sqrt{u_2})}$$

(4.22)

解得分界点为 $\pm\dfrac{1}{2}m_f$，因此，方位角在 $-90°\sim90°$ 范围内变化时，式(4.18)的根应该为

$$\alpha' = \begin{cases} \arctan\left[\tan m_f\dfrac{\sqrt{u_1}-\sqrt{u_2}}{\sqrt{u_1}+\sqrt{u_2}}\right], \alpha\in\left(-\dfrac{1}{2}m_f,\dfrac{1}{2}m_f\right) \\ \arctan\left[\tan m_f\dfrac{\sqrt{u_1}+\sqrt{u_2}}{\sqrt{u_1}-\sqrt{u_2}}\right], \text{其他} \end{cases} \quad (4.23)$$

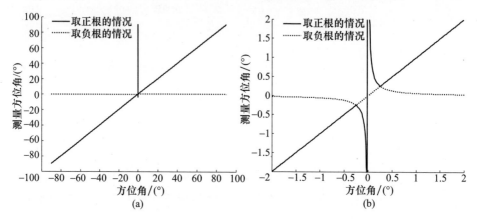

图 4.8　方程(4.18)根的分布情况

（a）方位角在 $-90°\sim90°$ 范围内方程根的全局图；（b）方位角在 $-2°\sim2°$ 范围内方程根的局部图。

同样方位角真值不可预知，式(4.23)的实际操作性较差。通过对磁光调制后混合信号幅值 u_1、u_2 分析发现，能够根据 u_1、u_2 变化趋势确定方位角所处的区间，从而确定方程的根。具体如下。

以 $m_f=0.0087\,\mathrm{rad}$，$k=10$，$u_0=1\mathrm{V}$，$T=0.01\mathrm{s}$ 为例，方位角在 $-90°\sim90°$ 范围内变化时 u_1、u_2 的变化曲线如图 4.9 所示，其中图 4.9(a)为全局图，图 4.9(b)为方位角在 $-1°\sim1°$ 范围内变化时的局部图。

由图 4.9 可见，u_1、u_2 均存在零点：$u_1=0$ 时，解得 $\alpha=-\dfrac{1}{2}m_f$；$u_2=0$ 时，解得 $\alpha=\dfrac{1}{2}m_f$。确定方位角在 $-90°\sim90°$ 范围内变化时 u_1、u_2 的变化趋势如下。

$\alpha\in\left(-\dfrac{\pi}{2},-\dfrac{1}{2}m_f\right)$ 时，u_1 为减函数；$\alpha\in\left(-\dfrac{1}{2}m_f,\dfrac{\pi}{2}\right)$ 时，u_1 为增函数。

$\alpha\in\left(-\dfrac{\pi}{2},\dfrac{1}{2}m_f\right)$ 时，u_2 为减函数；$\alpha\in\left(\dfrac{1}{2}m_f,\dfrac{\pi}{2}\right)$ 时，u_2 为增函数。

64

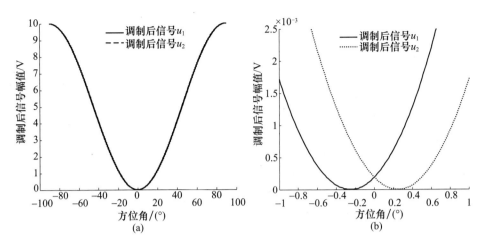

图 4.9 方波调制后混合信号幅值 u_1、u_2 的变化曲线图

(a)方位角在 $-90°\sim90°$ 范围内变化;(b)方位角在 $-1°\sim1°$ 范围内变化。

二者结合可得:

$\alpha \in \left(-\dfrac{\pi}{2}, -\dfrac{1}{2}m_f \right)$ 时,u_1 为减函数,u_2 为减函数,二者变化趋势相同;

$\alpha \in \left(-\dfrac{1}{2}m_f, \dfrac{1}{2}m_f \right)$ 时,u_1 为增函数,u_2 为减函数,二者变化趋势相反;

$\alpha \in \left(\dfrac{1}{2}m_f, \dfrac{\pi}{2} \right)$ 时,u_1 为增函数,u_2 为增函数,二者变化趋势相同。

结合式(4.23),确定方位角的最终测量模型为

$$\alpha' = \begin{cases} \arctan\left[\tan m_f \dfrac{\sqrt{u_1}-\sqrt{u_2}}{\sqrt{u_1}+\sqrt{u_2}} \right], & u_1、u_2 \text{ 变化趋势相反} \\[3mm] \arctan\left[\tan m_f \dfrac{\sqrt{u_1}+\sqrt{u_2}}{\sqrt{u_1}-\sqrt{u_2}} \right], & u_1、u_2 \text{ 变化趋势相同} \end{cases} \tag{4.24}$$

以 $m_f = 0.0087\,\text{rad}$,$k = 10$,$u_0 = 1\,\text{V}$,$T = 0.01\,\text{s}$ 为例,图 4.10 所示为方位角在 $-90°\sim90°$ 范围内变化时模型的理论方位测量误差分布情况。图 4.10(a)是对主要误差放大的结果,可见,主要测量误差多控制在 $(3\times10^{-9})''$ 范围内,测量精度高。图 4.10(b)是方位角在 $-0.5°\sim0.5°$ 范围内变化时模型的理论方位测量误差分布情况,可见,方位角测量值被分为三部分,$\alpha = \pm\dfrac{1}{2}m_f$ 为分界点,虽然分界点处的测量误差略有增加,但仍然控制在 $(3\times10^{-4})''$ 范围内。

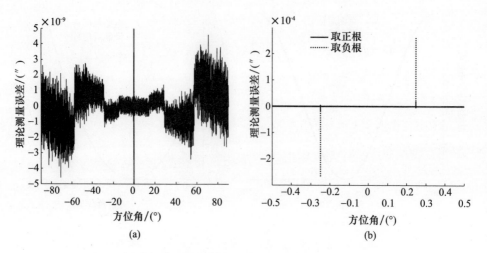

图 4.10 正切表示的方波调制方法理论方位测量误差分布图

(a)方位角在 $-90° \sim 90°$ 范围内变化；(b)方位角在 $-0.5° \sim 0.5°$ 范围内变化。

本方法与传统方法理论方位测量误差对比情况如图 4.11 所示,由图 4.11 可见,本方法方位测量精度较高。

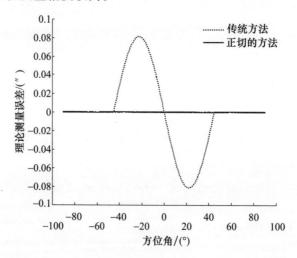

图 4.11 本方法与传统方法的理论方位测量误差对比图

2. 余弦、正弦表示的方位测量模型

采集调制后混合信号 $u_1 = \dfrac{ku_0\left[1 - \cos(2\alpha + m_f)\right]}{2}$、$u_2 = \dfrac{ku_0\left[1 - \cos(2\alpha - m_f)\right]}{2}$

得到

66

$$u_1 + u_2 = ku_0 \left[1 - \cos(2\alpha)\cos m_f \right], \cos(2\alpha) = \frac{1 - \dfrac{u_1 + u_2}{ku_0}}{\cos m_f} \tag{4.25}$$

$$u_1 - u_2 = ku_0 \sin(2\alpha)\sin m_f, \sin(2\alpha) = \frac{u_1 - u_2}{ku_0 \sin m_f} \tag{4.26}$$

采用与4.1.2.1节相同的方法,将u_1、u_2分别带入$\sin^2(2\alpha) + \cos^2(2\alpha) = 1$,从而得到关于$ku_0$的方程

$$(\sin m_f)^4 (ku_0)^2 - 2(\sin m_f)^2 (u_1 + u_2)(ku_0) + u_1^2 + u_2^2 - 2u_1 u_2 \cos(2m_f) = 0 \tag{4.27}$$

以及方程的根

$$ku_0 = \frac{u_1 + u_2 \pm 2\cos m_f \sqrt{u_1 u_2}}{(\sin m_f)^2} \tag{4.28}$$

将式(4.28)代入式(4.25)得到方位角计算公式为

$$\alpha' = \frac{1}{2}\arccos\left[\frac{1 - \dfrac{(u_1 + u_2)(\sin m_f)^2}{u_1 + u_2 \pm 2\cos m_f \sqrt{u_1 u_2}}}{\cos m_f} \right] \tag{4.29}$$

采用与前面类似的判断方法得方位角的最终测量模型为

$$\alpha' = \begin{cases} \dfrac{1}{2}\arccos\left[\dfrac{(u_1 + u_2)\cos m_f + 2\sqrt{u_1 u_2}}{u_1 + u_2 + 2\cos m_f \sqrt{u_1 u_2}} \right], & u_1、u_2 \text{ 变化趋势相反} \\[3mm] \dfrac{1}{2}\arccos\left[\dfrac{(u_1 + u_2)\cos m_f - 2\sqrt{u_1 u_2}}{u_1 + u_2 - 2\cos m_f \sqrt{u_1 u_2}} \right], & u_1、u_2 \text{ 变化趋势相同} \end{cases} \tag{4.30}$$

以$m_f = 0.0087\text{rad}, k = 10, u_0 = 1\text{V}, T = 0.01\text{s}$为例,方位角在$-90° \sim 90°$范围内变化时模型的理论方位测量误差如图4.12所示。

图4.12(a)为总的方位测量误差分布图,图4.12(b)为方位角在$-0.5° \sim 0.5°$范围内变化时方位测量误差的分布图,由图4.12(b)可见,方位角测量值被分为三部分,$\alpha = \pm\dfrac{1}{2}m_f$以及零点附近误差略有增加,但是仍然控制在$(5 \times 10^{-7})''$范围内。

在上述原理分析过程中也可以将式(4.28)代入式(4.26)得到方位角计算公式

$$\alpha' = \frac{1}{2}\arcsin\left[\frac{(u_1 - u_2)\sin m_f}{u_1 + u_2 \pm 2\cos m_f \sqrt{u_1 u_2}} \right] \tag{4.31}$$

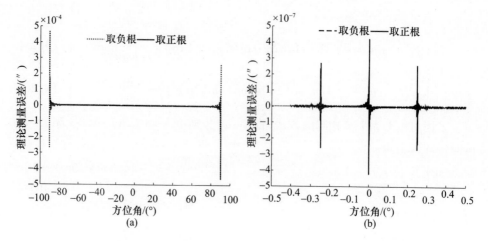

图 4.12 余弦表示的方波调制方法理论方位测量误差分布图
(a)方位角在 -90° ~ 90°范围内变化; (b)方位角在 -0.5° ~ 0.5°范围内变化。

采用类似方法确定方位角测量模型为

$$\alpha' = \begin{cases} \dfrac{1}{2}\arcsin\left[\dfrac{(u_1 - u_2)\sin m_f}{u_1 + u_2 + 2\cos m_f \sqrt{u_1 u_2}}\right], u_1、u_2 \text{ 变化趋势相反} \\[4mm] \dfrac{1}{2}\arcsin\left[\dfrac{(u_1 - u_2)\sin m_f}{u_1 + u_2 - 2\cos m_f \sqrt{u_1 u_2}}\right], u_1、u_2 \text{ 变化趋势相同} \end{cases} \tag{4.32}$$

根据上述理论分析可见,能够建立基于方波磁光调制的方位测量模型,且与传统正弦波磁光调制的方位测量相比,它存在一个优点:传统方法中采集极值点信息的取样积分电路工作时,需要上仪器中的正弦波调制信号配合;本方法中仅需要一般的采集电路采集调制后信号即可。正弦表示的方波调制方法理论方位测量误差分布图如图 4.13 所示。

此外,由理论分析可知,方波调制后信号成分简单、容易处理。但是在试验中发现,调制后信号不是单纯的方波信号,且存在信号畸变问题,目前尚没有好的解决办法,因此制约了基于方波磁光调制的方位测量技术的发展。

4.2 基于三角波磁光调制的方位测量

4.2.1 基于交流信号的方位测量方法

图 4.14 为基于三角波磁光调制的方位测量原理图,上仪器中激光器发出的激光经过起偏器后成为线偏振光,当它通过调制器中磁致旋光材料时,在三角波

68

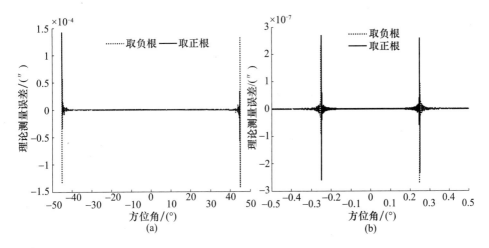

图 4.13　正弦表示的方波调制方法理论方位测量误差分布图
(a)方位角在 −45°～45°范围内变化；(b)方位角在 −0.5°～0.5°范围内变化。

调制信号产生的交变磁场作用下,发生法拉第磁致旋光效应,光波偏振面发生偏转。调制后信号携带有上下仪器之间的方位角信息,并传输到下仪器,经过检偏、聚焦、光电转换、放大等一系列处理后,得到与方位信息相关的电压信号。同时,上仪器中的三角波调制信号传递到下仪器,与下仪器中的取样积分电路配合采集得到的电压信号,并经过一定的运算得到方位角。

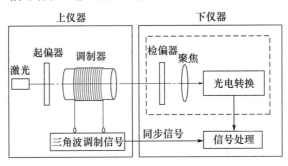

图 4.14　基于三角波磁光调制的方位测量原理图

设三角波调制信号为

$$f(t) = \begin{cases} \dfrac{4}{T}t, t \in [0, T/4] \\ -\dfrac{4}{T}t + 2, t \in [T/4, 3T/4] \\ \dfrac{4}{T}t - 4, t \in [3T/4, T] \end{cases} \tag{4.33}$$

式中:T 为调制信号周期;t 为时间变量。

设 θ 为调制过程中光波偏振面的旋转角,存在 $\theta = \frac{1}{2} m_f f(t)$,其中 m_f 为调制度,单位为 rad。根据马吕斯定律并结合系统工作原理,到达下仪器的调制后信号经光电转换、放大处理后为式(2.1),式中各参数定义与 2.1 节相同,其展开式与式(4.3)相同。将 $\cos^2 \theta = 1 - \sin^2 \theta$、$\theta = \frac{1}{2} m_f f(t)$ 代入式(4.3)得到

$$u = ku_0 \left\{ \sin^2 \alpha + \sin^2 \left[\frac{1}{2} m_f f(t) \right] \cos 2\alpha + \sin \left[\frac{1}{2} m_f f(t) \right] \cos \left[\frac{1}{2} m_f f(t) \right] \sin 2\alpha \right\}$$

$$(4.34)$$

当方位角 α 不变而时间变量 t 变化时,式(4.34)中仅有 $ku_0 \sin^2 \alpha$ 是恒定量,因此,三角波磁光调制后信号中的直流信号为

$$u_d = ku_0 \cdot \sin^2 \alpha = \frac{ku_0}{2} \left[1 - \cos(2\alpha) \right] \qquad (4.35)$$

交流信号为

$$u_a = u - u_d = \frac{ku_0}{2} \left\{ \cos(2\alpha) - \cos(2\alpha) \cos \left[m_f f(t) \right] + \sin(2\alpha) \sin \left[m_f f(t) \right] \right\}$$

$$(4.36)$$

假设调制信号 $f(t)$ 连续可导,且存在导数 $f'(t)$。当下仪器位置固定时,方位角为定值,此时,令 $\frac{du_a}{dt} = 0$,可得

$$\frac{ku_0}{2} \cdot m_f f'(t) \left\{ \cos(2\alpha) \sin \left[m_f f(t) \right] + \sin(2\alpha) \cos \left[m_f f(t) \right] \right\} = 0 \qquad (4.37)$$

当 $\cos(2\alpha) \sin \left[m_f f(t) \right] + \sin(2\alpha) \cos \left[m_f f(t) \right] = 0$ 成立时,$f(t) = \frac{2n\pi - 2\alpha}{m_f}$ ($n = 0,1,\cdots$),表明此时交流信号中存在极值点 u_{aa},结合调制信号式(4.33)可知,此时,极值点 u_{aa} 的横坐标与方位角 α 相关。随着下仪器的转动,方位角 α 时刻在变化,极值点 u_{aa} 的横坐标位置左右移动,不利于极值点信息采集。

当 $f'(t) = 0$ 成立时,表明交流信号中也存在极值点,但是三角波调制信号式(4.33)并非在定义域内全部连续可导。结合调制信号式(4.33),分析得知一个周期范围内,当 $t = \frac{T}{4}$ 时交流信号存在极大值 u_{a1},当 $t = \frac{3T}{4}$ 时存在极小值 u_{a2},即

70

$$u_{a1}\big|_{t=\frac{T}{4}} = \frac{ku_0}{2}\big[\cos(2\alpha) - \cos(2\alpha)\cos m_f + \sin(2\alpha)\sin m_f\big] \qquad (4.38)$$

$$u_{a2}\big|_{t=\frac{3T}{4}} = \frac{ku_0}{2}\big[\cos(2\alpha) - \cos(2\alpha)\cos m_f - \sin(2\alpha)\sin m_f\big] \qquad (4.39)$$

为了验证上述论述的正确性,以 $m_f = 2\,\text{rad}, k = 10, u_0 = 1\,\text{V}, T = 0.01\,\text{s}$ 为例,方位角分别为 $10'$、$10°$、$20°$ 时,两个周期范围内调制后交流信号中极值点的分布情况如图 4.15 所示,图中点划线、实线、虚线分别代表方位角为 $10'$、$10°$、$20°$ 时的交流信号,图 4.15(a) 为全局图,图 4.15(b) 为横坐标位置不固定的极值点 u_{aa} 的局部图。

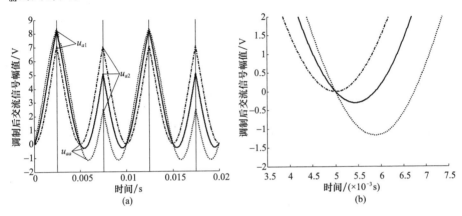

图 4.15   方位角分别为 $10'$、$10°$、$20°$ 时三角波磁光调制后交流信号图

由图 4.15 可见,在单个周期范围内三角波调制后的交流信号中的确存在 3 个极值点,其中两个极值点 u_{a1}、u_{a2} 横坐标位置是不变的,第三个极值点 u_{aa} 横坐标是随着方位角的变化而左右移动的,印证了上述理论分析。

利用取样积分电路分别采集极值点 u_{a1}、u_{a2},从而得到

$$\frac{u_{a1} - u_{a2}}{u_{a1} + u_{a2}} = \tan(2\alpha)\cot\frac{m_f}{2} \qquad (4.40)$$

以及方位测量模型:

$$\alpha = \frac{1}{2}\arctan\left[\frac{u_{a1} - u_{a2}}{u_{a1} + u_{a2}}\tan\left(\frac{m_f}{2}\right)\right] \qquad (4.41)$$

在式(4.41)中,调制度 m_f 是常数,因此只需要分别采集交流信号中横坐标位置固定不变的极值点 u_{a1}、u_{a2},并代入式(4.41)即可得到方位角。

当 $m_f = 0.0087\,\text{rad}, k = 10, u_0 = 1\,\text{V}, T = 0.01\,\text{s}$ 时,式(4.41)的理论方位测量精度和测量范围如图 4.16 所示。

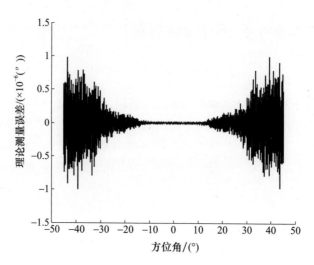

图 4.16　基于三角波调制后交流信号的方法理论方位测量误差分布图

由图 4.16 可见,基于三角波调制后交流信号的方位测量方法理论测量范围为 $-45°\sim45°$,测量精度较高,尤其是在小角度范围内测量精度更高,这是因为在小角度范围内,反正切函数变化速率快,计算分辨率高,因此本方法适合小角度精确测量。本方法与传统方位测量方法的对比如图 4.17 所示。

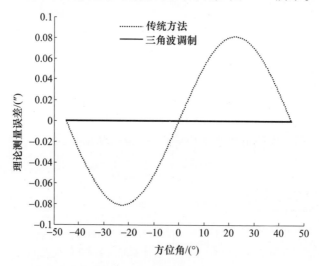

图 4.17　基于三角波调制后交流信号的方法与传统方法的理论方位测量误差对比图

由图 4.17 可见,两种方法的理论测量范围均为 $-45°\sim45°$。在测量精度方面,三角波调制方法的方位测量精度略高。

4.2.2　基于混合信号的方位测量方法

原理分析与 4.2.1 节基本相似,同样分别得到在 $t = \dfrac{T}{4}$、$t = \dfrac{3T}{4}$ 处调制后的混合信号中存在极值 u_1、u_2,即

$$u_1 \mid_{t = \frac{T}{4}} = \frac{ku_0}{2}[1 - \cos(2\alpha + m_f)] \qquad (4.42)$$

$$u_2 \mid_{t = \frac{3T}{4}} = \frac{ku_0}{2}[1 - \cos(2\alpha - m_f)] \qquad (4.43)$$

以 $m_f = 2\,\mathrm{rad}$,$k = 10$,$u_0 = 1\,\mathrm{V}$,$T = 0.01\,\mathrm{s}$ 为例,方位角为 1° 时三角波调制后的混合信号如图 4.18 所示。

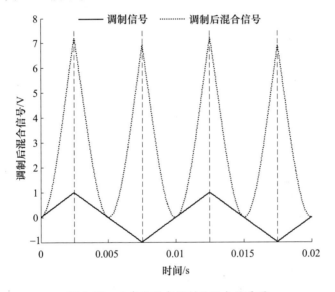

图 4.18　三角波磁光调制后混合信号图

采集调制后混合信号中两个横坐标不变的极值点,采用与 4.1.2 节类似处理方法,能够得到正切表示基于三角波调制后混合信号的方位测量模型:

$$\alpha' = \begin{cases} \arctan\left[\tan m_f \dfrac{\sqrt{u_1} - \sqrt{u_2}}{\sqrt{u_1} + \sqrt{u_2}}\right], & u_1、u_2 \text{ 变化趋势相反} \\[3mm] \arctan\left[\tan m_f \dfrac{\sqrt{u_1} + \sqrt{u_2}}{\sqrt{u_1} - \sqrt{u_2}}\right], & u_1、u_2 \text{ 变化趋势相同} \end{cases} \qquad (4.44)$$

余弦表示的基于三角波调制后混合信号的方位测量模型:

73

$$\alpha' = \begin{cases} \dfrac{1}{2}\arccos\left[\dfrac{(u_1+u_2)\cos m_f + 2\sqrt{u_1 u_2}}{u_1+u_2+2\cos m_f \ \sqrt{u_1 u_2}}\right], u_1、u_2\ \text{变化趋势相反} \\[4mm] \dfrac{1}{2}\arccos\left[\dfrac{(u_1+u_2)\cos m_f - 2\sqrt{u_1 u_2}}{u_1+u_2-2\cos m_f \ \sqrt{u_1 u_2}}\right], u_1、u_2\ \text{变化趋势相同} \end{cases} \tag{4.45}$$

以及正弦表示基于三角波调制后混合信号的方位测量模型：

$$\alpha' = \begin{cases} \dfrac{1}{2}\arcsin\left[\dfrac{(u_1-u_2)\sin m_f}{u_1+u_2+2\cos m_f \ \sqrt{u_1 u_2}}\right], u_1、u_2\ \text{变化趋势相反} \\[4mm] \dfrac{1}{2}\arcsin\left[\dfrac{(u_1-u_2)\sin m_f}{u_1+u_2-2\cos m_f \ \sqrt{u_1 u_2}}\right], u_1、u_2\ \text{变化趋势相同} \end{cases} \tag{4.46}$$

上述 3 个模型的理论方位测量精度、测量范围与 4.1.2 节内容类似，这里不再赘述。

4.3 基于锯齿波磁光调制的方位测量

4.3.1 基于交流信号的方位测量方法

设锯齿波调制信号为

$$f(t) = \begin{cases} \dfrac{2}{T}t, t \in (0,T/2] \\[3mm] \dfrac{2}{T}t - 2, t \in (T/2,T] \end{cases} \tag{4.47}$$

式中：T 为调制信号周期；t 为时间变量。

原理分析与 4.2.1 节类似，同样得到调制后信号中相同的直流信号 $u_d = ku_0 \sin^2\alpha$，以及不同的交流信号 u_a，即

$$u_a = u - u_d = \frac{ku_0}{2}\{\cos(2\alpha) - \cos(2\alpha)\cos[m_f f(t)] + \sin(2\alpha)\sin[m_f f(t)]\} \tag{4.48}$$

假设调制信号式（4.47）连续可导，且存在导数 $f'(t)$。当下仪器位置固定时，方位角为定值，此时，令 $\dfrac{\mathrm{d}u_a}{\mathrm{d}t} = 0$，得到

$$\frac{ku_0}{2}\cdot m_f\cdot f'(t)\{\cos(2\alpha)\sin[m_f f(t)] + \sin(2\alpha)\cos[m_f f(t)]\} = 0 \tag{4.49}$$

74

当 $\cos(2\alpha)\sin[m_f f(t)] + \sin(2\alpha)\cos[m_f f(t)] = 0$ 时，$f(t) = \dfrac{2n\pi - 2\alpha}{m_f}(n = 0,1,\cdots)$，表明交流信号存在极值点 u_{aa}，结合调制信号式（4.47）可知，此时，极值点 u_{aa} 的横坐标与方位角相关。随着下仪器的转动，方位角时刻在变化，极值点 u_{aa} 的横坐标位置左右移动，不利于采集极值点信息。

当 $f'(t) = 0$ 成立时，表明交流信号存在极值点，但是锯齿波调制信号（式（4.47））并非在定义域内全部连续可导。经分析可知，锯齿波调制信号（式（4.47））在连续可导范围内不存在 $f'(t) = 0$，在连续不可导点 $t = \dfrac{T}{2}$ 处存在极值点，但是极值点不连续。

为了验证上述分析的正确性，以 $m_f = 2\mathrm{rad}$，$k = 10$，$u_0 = 1\mathrm{V}$，$T = 0.01\mathrm{s}$ 为例，方位角分别为 $10'$、$10°$、$20°$ 时，锯齿波调制后的交流信号如图 4.19 所示，图中点划线、实线、虚线分别代表方位角为 $10'$、$10°$、$20°$ 时的交流信号，图 4.19（a）为全局图，图 4.19（b）为横坐标位置变化的极值点 u_{aa} 的局部放大图。

由图 4.19 可见，在单个周期范围内，锯齿波调制后交流信号中的确存在极值点，其中极值点 u_{aa} 的横坐标随着方位角的变化而变化。由于锯齿波调制信号在 $t = T/2$ 处左右不连续，造成调制后的交流信号虽然在 $t = T/2$ 左右存在极值点。但是，极值点不连续，不利于数据采集，因此不能建立基于锯齿波调制后交流信号的方位测量模型。

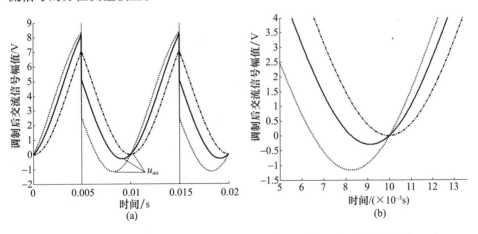

图 4.19　方位角分别为 $10'$、$10°$、$20°$ 时锯齿波磁光调制后交流信号图

4.3.2　基于混合信号的方位测量方法

原理分析、调制信号模型、分析方法与 4.3.1 节相同，但分析的对象是调制

后的混合信号,得出的结论是:调制后混合信号中存在极值点,并且极值点 u_{aa} 的横坐标随着方位角的变化而变化,在连续不可导点 $t = T/2$ 处存在极值点,但是极值点不连续。以 $m_f = 2\,\mathrm{rad}$,$k = 10$,$u_0 = 1\mathrm{V}$,$T = 0.01\mathrm{s}$ 为例,方位角分别为 $10'$、$10°$、$20°$时,锯齿波调制后的混合信号如图 4.20 所示,图中点划线、实线、虚线分别代表方位角为 $10'$、$10°$、$20°$时的交流信号。

图 4.20 验证了上述结论,调制后混合信号在连续不可导点 $t = T/2$ 处的确存在极值点,但是该极值点不连续,因此,不能建立基于锯齿波调制后混合信号的方位测量模型。

综合对锯齿波磁光调制后交流信号、混合信号的分析,得出结论:基于锯齿波磁光调制的方位测量不具有可行性。

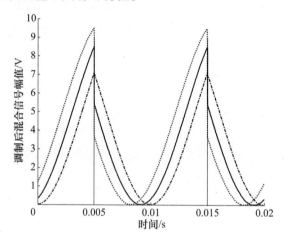

图 4.20 方位角分别为 $10'$、$10°$、$20°$时锯齿波磁光调制后混合信号图

4.4 基于对称波形磁光调制的方位测量规律

根据上述分析,结合基于正弦波磁光调制的方位测量研究,得到对称波形磁光调制的方位测量规律,如表 4.1 所列。

表 4.1 对称波形磁光调制方位测量规律归纳汇总表

调制信号波形		能否建立方位测量模型	理论测量精度	理论测量范围	优劣比较
正弦波	调制后交流信号	√	—	$-45°$ ~ $45°$	能够建立方位测量模型,但是信号采集需要上仪器中的调制信号,难以真正实现无连接设备间的方位测量

调制信号波形		能否建立方位测量模型	理论测量精度	理论测量范围	优劣比较
方波	调制后混合信号	√	高	正切：−90°～90°	能够建立方位测量模型，且下仪器不需要上仪器中的调制信号，能够真正实现无连接设备间的方位测量，但是调制后信号波形畸变的问题尚待解决
				余弦：−45°～45°	
				正弦：−45°～45°	
	调制后交流信号	√	高	−45°～45°	
三角波	调制后混合信号	√	高	正切：−90°～90°	与基于正弦波磁光调制的方位测量类似，但是极值点信息不容易准确采集
				余弦：−45°～45°	
				正弦：−45°～45°	
	调制后交流信号	√	高	−45°～45°	
锯齿波	调制后混合信号	×	×	×	不能建立方位测量模型
	调制后交流信号	×	×	×	

注："√"表示该方案可行；"×"表示该方案不可行

依据上述 4 种对称波形磁光调制的方位测量研究以及表 4.1 的汇总，发现基于对称波形磁光调制的方位测量存在以下规律。

（1）无论调制信号为何种对称波形，调制后信号均为与调制信号同频率、形状基本相同且由直流信号和交流信号组成的混合信号，都能够从交流信号、混合信号两个方面着手进行研究。

（2）调制信号为对称波形时，除锯齿波外，正弦波、方波、三角波调制时均能够分别建立基于调制后交流信号、混合信号的方位测量模型，且建立的基于调制后混合信号的方位测量模型均能够用正切、正弦、余弦 3 种形式表示。

（3）通过基于 4 种对称波形的方位测量对比分析可见，在单个周期范围内，只有调制信号幅值在正负区间内均有极值点且极值点对应的横坐标不重合的情况下，才能够建立方位测量模型。

（4）根据基于 4 种对称波形磁光调制的方位测量规律可以预见，若建立基于调制后混合信号的方位测量模型，只需调制信号在单个周期范围内存在两个横坐标不重合的极值点即可；若建立基于调制后交流信号的方位测量模型，不仅需要调制信号在单个周期范围内存在两个横坐标不重合的极值点，且调制信号的幅值不能为 0。

同时,通过对比分析发现,在基于 4 种对称波形磁光调制的方位测量中,仅有锯齿波调制不能用于测量方位角。虽然其他 3 种波形磁光调制均能够用于测量方位角,但是与正弦波磁光调制比较而言,方波调制能够真正实现无连接设备间的方位测量,具有很大的应用前景,但是在实际应用中调制后信号波形畸变的难题目前没有很好地解决;三角波调制与正弦波调制类似,但是调制后信号的极值点信息不容易采集,在应用中不及正弦波调制方便。

　　综上所述,由基于 4 种对称波形磁光调制的方位测量规律总结及优劣对比可知,基于正弦波磁光调制的方位测量经过适当改进,目前仍最具有实际应用价值。

第5章　基于半波波形磁光调制的方位测量

  本章首先将半波方波、半波三角波、半波锯齿波和半波正弦波磁光调制引入方位测量中,分别从磁光调制后混合信号、交流信号两个角度,重点探讨了建立方位测量模型的可行性,针对构建的方位测量模型分析其测量精度和测量范围;然后对各半波波形磁光调制在方位测量中的应用进行了总结,得出构建方位测量模型时对调制信号波形的要求[103]。

5.1　基于半波方波磁光调制的方位测量

5.1.1　基于混合信号的方位测量方法

1. 系统原理分析

  系统原理如图 4.1 所示。设半波方波调制信号为

$$f(t) = \begin{cases} 1, t \in [0, T/2) \\ 0, t \in [T/2, T) \end{cases} \tag{5.1}$$

式中:T 为调制信号的周期;t 为时间变化量。

  原理分析与方波调制相同,光波偏振面的旋转角 θ 为

$$\theta = \frac{1}{2} m_f f(t) = \begin{cases} \dfrac{1}{2} m_f, t \in [0, T/2) \\ 0, t \in [T/2, T) \end{cases} \tag{5.2}$$

将光波偏振面的旋转角 θ 代入式(4.3),可得

$$u = \frac{ku_0}{2} [1 - \cos(2\alpha + 2\theta)] = \begin{cases} \dfrac{ku_0 [1 - \cos(2\alpha + m_f)]}{2}, t \in [0, T/2) \\ \dfrac{ku_0 [1 - \cos(2\alpha)]}{2}, t \in [T/2, T) \end{cases} \tag{5.3}$$

  由式(5.3)可见,虽然 $t \in [T/2, T)$ 时调制信号的幅值为 0,但是调制后输出的混合信号幅值并不为 0。以 $m_f = 0.087\text{rad}, k = 10, u_0 = 1\text{V}, T = 0.01\text{s}$ 为例,当方位角分别为 1°、10°、45°时,半波方波调制后的混合信号为两个幅值不等、交替

出现、与调制信号同频率的方波信号,如图 5.1 所示。图中粗黑线代表调制信号,细黑线代表方位角为 1°时调制后的混合信号,红线代表方位角为 10°时调制后的混合信号,绿线代表方位角为 45°时调制后的混合信号。由图 5.1 可见,调制信号幅值为 0 时,调制后混合信号幅值明显不为 0。

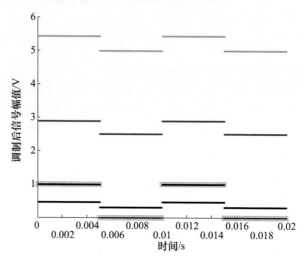

图 5.1　方位角分别为 1°、10°、45°时半波方波调制信号与调制后混合信号对比图(见彩插)

采集调制后的混合信号并令 $u_1 = \dfrac{ku_0\left[1-\cos(2\alpha+m_f)\right]}{2}$、$u_2 = \dfrac{ku_0\left[1-\cos(2\alpha)\right]}{2}$。为了消除 k、u_0 对测量结果的影响,则

$$\frac{u_1}{u_2} = \frac{1-\cos(2\alpha+m_f)}{1-\cos(2\alpha)} = \left[\cos\left(\frac{1}{2}m_f\right) + \cot\alpha \cdot \sin\left(\frac{1}{2}m_f\right)\right]^2 \qquad (5.4)$$

由此得到方位角的计算公式:

$$\alpha' = \operatorname{arccot}\left[\pm \frac{1}{\sin\left(\dfrac{1}{2}m_f\right)} \cdot \sqrt{\frac{u_1}{u_2}} - \cot\left(\frac{1}{2}m_f\right)\right] \qquad (5.5)$$

由式(5.5)可见,模型中仅有 u_1、u_2 为未知量,其余均为常数,在实际测量中只需要测量调制后混合信号幅值并带入模型即可得到方位角。

2. 方位测量模型的确定

对于测量得到的每一组调制后混合信号幅值 u_1、u_2,根据式(5.5)却能够计算得到两个方位角计算值,而在实际情况中二者应该是一一对应关系。由此可见,利用式(5.5)计算得出的方位角存在增根,必须对方程的根进行分析讨论、去除增根。

80

以 $m_f = 0.0087\mathrm{rad}, k = 10, u_0 = 1\mathrm{V}, T = 0.01\mathrm{s}$ 为例,图 5.2 是式(5.5)根的分布情况,其中图 5.2(a)为方位角在 $-90° \sim 90°$ 范围内变化时的全局图,图 5.2(b)为方位角在 $-1° \sim 1°$ 范围内变化时的局部图。

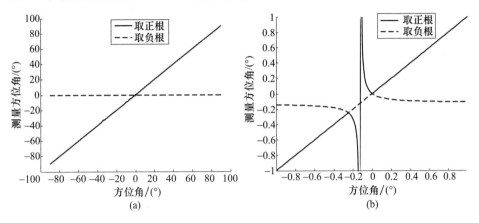

图 5.2 式(5.4)根的分布情况
(a)方位角在 $-90° \sim 90°$ 范围内变化;(b)方位角在 $-1° \sim 1°$ 范围内变化。

结合图 5.2 的绘图规则,理论上方位角真值与计算值应该是一一对应关系,且二者之间成斜率为 1 的线性关系。由此可以判断出图 5.2 中斜率为 1 的直线应该是方程的根,它明显被分为三部分,分界点在于 $\sqrt{\dfrac{u_1}{u_2}} = 0$ 或者 $\sqrt{\dfrac{u_1}{u_2}}$ 无意义,即 $u_1 = 0$、$u_2 = 0$,计算得到分界点为 $-\dfrac{1}{2}m_f, 0$,所以在 $-90° \sim 90°$ 范围内式(5.5)的根为

$$
\alpha' = \begin{cases} \mathrm{arccot}\left[-\dfrac{1}{\sin\left(\dfrac{1}{2}m_f\right)}\sqrt{\dfrac{u_1}{u_2}} - \cot\left(\dfrac{1}{2}m_f\right) \right], \alpha \in \left(-\dfrac{1}{2}m_f, 0 \right) \\[6mm] \mathrm{arccot}\left[\dfrac{1}{\sin\left(\dfrac{1}{2}m_f\right)}\sqrt{\dfrac{u_1}{u_2}} - \cot\left(\dfrac{1}{2}m_f\right) \right], 其他 \end{cases} \tag{5.6}
$$

方位角真值是被测值,不可能事先获得真值的信息并判断它是否在 $\left(-\dfrac{1}{2}m_f, 0 \right)$ 范围内,所以式(5.6)的实际操作性较差。通过对磁光调制后混合信号幅值 u_1、u_2 的分析发现,可以根据混合信号幅值 u_1、u_2 的变化趋势判断方位角所处的区间,从而判断方程的根。具体如下。

以 $m_f = 0.0087\mathrm{rad}, k = 10, u_0 = 1\mathrm{V}, T = 0.01\mathrm{s}$ 为例,方位角在 $-90° \sim 90°$ 范围

内变化时调制后混合信号幅值 u_1、u_2 的变化曲线如图 5.3 所示,其中图 5.3(a)
为全局图,图 5.3(b)为方位角在 $-1°\sim1°$ 范围内变化时的局部图。

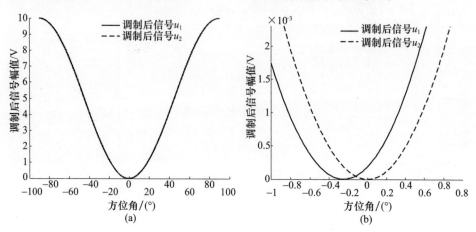

图 5.3　半波方波调制后混合信号幅值 u_1、u_2 的变化曲线

(a)方位角在 $-90°\sim90°$ 范围内变化;(b)方位角在 $-1°\sim1°$ 范围内变化。

由图 5.3 可以明显看出 u_1、u_2 都存在零点:$u_1=0$ 时,解得 $\alpha=-\dfrac{1}{2}m_f$;$u_2=0$
时,解得 $\alpha=0$。确定方位角在 $-90°\sim90°$ 范围内变化时 u_1、u_2 的变化趋势如下。

$\alpha\in\left(-\dfrac{\pi}{2},-\dfrac{1}{2}m_f\right)$ 时,u_1 为减函数;$\alpha\in\left(-\dfrac{1}{2}m_f,\dfrac{\pi}{2}\right)$ 时,u_1 为增函数。

$\alpha\in\left(-\dfrac{\pi}{2},0\right)$ 时,u_2 为减函数;$\alpha\in\left(0,\dfrac{\pi}{2}\right)$ 时,u_2 为增函数。

二者结合可得:

$\alpha\in\left(-\dfrac{\pi}{2},-\dfrac{1}{2}m_f\right)$ 时,u_1 为减函数,u_2 为减函数,二者变化趋势相同;

$\alpha\in\left(-\dfrac{1}{2}m_f,0\right)$ 时,u_1 为增函数,u_2 为减函数,二者变化趋势相反;

$\alpha\in\left(0,\dfrac{\pi}{2}\right)$ 时,u_1 为增函数,u_2 为增函数,二者变化趋势相同。

结合式(5.6)可以确定方位角的最终计算模型为

$$\alpha'=\begin{cases}\text{arccot}\left[-\dfrac{1}{\sin\left(\dfrac{1}{2}m_f\right)}\cdot\sqrt{\dfrac{u_1}{u_2}}-\cot\left(\dfrac{1}{2}m_f\right)\right],u_1、u_2\text{ 变化趋势相反}\\[18pt]\text{arccot}\left[\dfrac{1}{\sin\left(\dfrac{1}{2}m_f\right)}\cdot\sqrt{\dfrac{u_1}{u_2}}-\cot\left(\dfrac{1}{2}m_f\right)\right],u_1、u_2\text{ 变化趋势相同}\end{cases} \tag{5.7}$$

3. 结果分析

在实际测量过程中,系统测量精度受硬件反正切计算能力、信号采集电路采样精度等多种因素影响。以 $m_f = 0.0087\text{rad}, k = 10, u_0 = 1\text{V}, T = 0.01\text{s}$ 为例,仿真方式研究方法本身的理论测量精度,方位角在 $-90° \sim 90°$ 范围内变化时系统理论测量误差分布情况如图 5.4 所示。

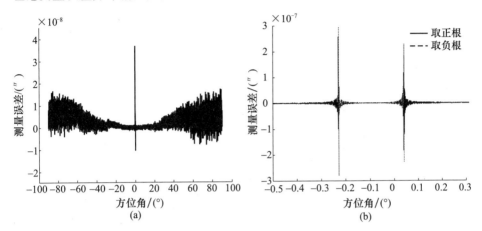

图 5.4　基于半波方波调制后混合信号的方位测量系统理论测量误差
(a)方位角在 $-90° \sim 90°$ 范围内的误差;(b)方位角在 $-0.5° \sim 0.3°$ 范围内的局部误差。

图 5.4(a)是对主要误差放大的结果,可见主要测量误差多控制在 $(2 \times 10^{-8})''$ 范围内,测量精度高,同时可见理论测量范围达 $-90° \sim 90°$,测量范围广。图 5.4(b)是方位角在 $-0.5° \sim 0.3°$ 范围内时理论测量误差分布情况,可以明显看出方位角计算值 α' 被分为三部分,$\alpha = -\frac{1}{2}m_f, 0$ 为分界点,并且分界点处的测量误差略有增加,但是仍然控制在 $(3 \times 10^{-7})''$ 范围内。

本方法理论测量误差与传统正弦波磁光调制的方位测量方法[1]测量误差对比如图 5.5 所示,由图 5.5 可以明显看出文中提出的方法在测量精度方面高于传统方法,测量范围比传统方法扩大了 1 倍。

4. 关于半波方波磁光调制的深入思考

由图 5.2 可见,基于半波方波调制的方位测量模型式(5.7)中正、负根的取舍主要取决于 0 和 $-\frac{1}{2}m_f$,当方位角为正值时都取正根,而方位角为负值时则需要 $-\frac{1}{2}m_f$ 判断方位角所处的区间。为了使方位角测量范围达到 $-90° \sim 90°$,而且当方位角为负值时不需要再判断区间,设

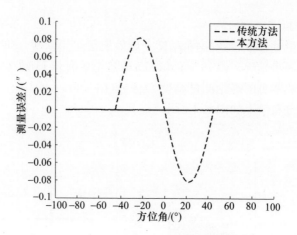

图 5.5　本方法与传统方法的理论测量误差对比图

$$-\frac{1}{2}m_f = -\frac{\pi}{2} \qquad (5.8)$$

得到 $m_f = \pi$，此时，方程根的分布如图 5.6 所示。

由图 5.6 可见，方程的根仅由 0 点严格区分，根据绘图原则，图中斜率为 1 的直线为方程的根，此时，基于半波方波调制的方位测量模型为

$$\alpha' = \begin{cases} \text{arccot}\left[-\dfrac{1}{\sin\left(\dfrac{1}{2}m_f\right)} \cdot \sqrt{\dfrac{u_1}{u_2}} - \cot\left(\dfrac{1}{2}m_f\right)\right], \alpha < 0 \\[4mm] \text{arccot}\left[\dfrac{1}{\sin\left(\dfrac{1}{2}m_f\right)} \cdot \sqrt{\dfrac{u_1}{u_2}} - \cot\left(\dfrac{1}{2}m_f\right)\right], \alpha > 0 \end{cases} \qquad (5.9)$$

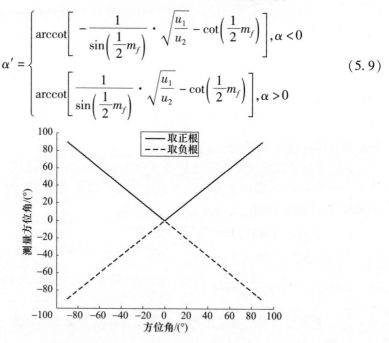

图 5.6　调制度 $m_f = \pi$ 时方程根的分布图

84

由于方位角真值是被测值,不可能事先获得真值的信息并判断其正负,所以式(5.9)的实际操作性有待提高。为了事先判断方位角的正、负,可以参考3.3.3节中利用调制信号与调制后混合信号的相位对比判断方位角正负的方法:当方位角为正值时,调制信号与调制后混合信号的相位相同;当方位角为负值时,调制信号与调制后混合信号的相位相反。以 $m_f = 0.087\text{rad}$, $k = 10$, $u_0 = 1\text{V}$, $T = 0.01\text{s}$ 为例,二者相位对比情况如图5.7所示。

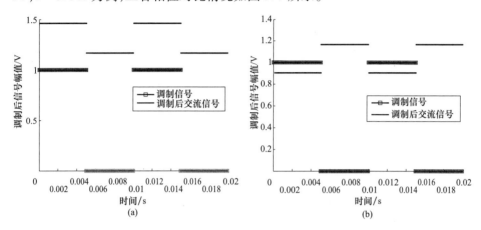

图 5.7 方位角分别为 $20°$、$-20°$ 时半波方波调制信号与调制后混合信号相位对比
(a)方位角为 $20°$;(b)方位角为 $-20°$。

这样即可通过调制信号与调制后混合信号的相位比较确定方位角的区间,采集调制后混合信号幅值并带入公式计算方位角。与本节上述方法相比,该方法在方位角区间判断、方位角计算公式选择两方面均比较简单。

5.1.2 基于交流信号的方位测量方法

本节重点探讨半波方波调制后交流信号在方位测量中的应用情况。结合4.1节调制后信号分析以及5.1.1节半波方波调制信号模型,可以得到半波方波调制后的交流信号为

$$u = \begin{cases} \dfrac{ku_0}{2}\left(\cos 2\alpha - \cos 2\alpha \cos m_f + \sin 2\alpha \sin m_f \right), & t \in \left[0, T/2 \right) \\ 0, & t \in \left[T/2, T \right] \end{cases} \quad (5.10)$$

以 $m_f = 0.087\text{rad}$, $k = 20$, $u_0 = 1\text{V}$, $T = 0.01\text{s}$ 为例,当方位角分别为 $10°$、$45°$ 时,半波方波调制后的交流信号如图5.8所示。

图5.8所示验证了对半波方波调制后交流信号的分析。当调制信号幅值为1时,交流信号幅值不为0;当调制信号幅值为0时,交流信号幅值也为0。当方

85

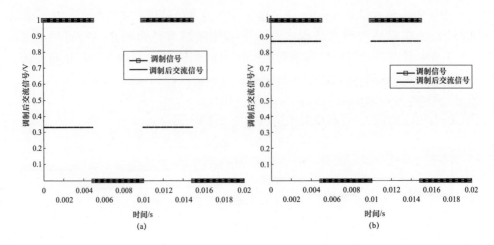

图 5.8　半波方波调制后交流信号分布情况

(a)方位角为 10°；(b)方位角为 45°。

位角为某一固定值时,仅仅依靠单个固定不变的信号信息虽然理论可以计算出方位角,但是此时的算法受 k、u_0 影响较大,并且需要在测量之前事先测量 k、u_0 的值,给测量操作带来了诸多不便,且测量精度不高,因此,不宜建立基于半波方波调制后交流信号的方位测量模型。

5.2　基于半波三角波磁光调制的方位测量

5.2.1　基于交流信号的方位测量模型

设半波三角波调制信号为

$$f(t) = \begin{cases} \dfrac{4}{T}t, & t \in [0, T/4] \\ -\dfrac{4}{T}t + 2, & t \in [T/4, T/2] \\ 0, & t \in (T/2, T] \end{cases} \tag{5.11}$$

式中:T 为调制信号的周期;t 为时间变量。

原理分析与 5.1 节方波磁光调制类似,调制后的直流信号与交流信号分别为

$$u_d = ku_0 \sin^2\alpha = \frac{ku_0}{2}(1 - \cos2\alpha) \tag{5.12}$$

86

$$u_a = u - u_d = \frac{ku_0}{2}\{\cos(2\alpha) - \cos(2\alpha) \cdot \cos[m_f f(t)] + \sin(2\alpha) \cdot \sin[m_f f(t)]\}$$

$$(5.13)$$

单个周期范围内,当变量 $t \in (0, T/4)$、$t \in (T/4, T/2)$、$t \in (T/2, T)$ 时,半波三角波调制信号连续可导,$t = 0$、$T/4$、$T/2$ 3 个点属于连续不可导点。

若半波三角波信号连续可导,存在导数 $f'(t)$,当下仪器停在某一固定位置时,方位角为一固定值,此时,令 $\dfrac{\mathrm{d}u_a}{\mathrm{d}t} = 0$,可得

$$\frac{ku_0}{2} \cdot f'(t) \cdot \{\cos(2\alpha)\sin[m_f f(t)] + \sin(2\alpha)\cos[m_f f(t)]\} = 0 \quad (5.14)$$

当 $\cos(2\alpha)\sin[m_f f(t)] + \sin(2\alpha)\cos[m_f f(t)] = 0$ 成立时,$f(t) = \dfrac{2n\pi - 2\alpha}{m_f}$ $(n = 0, 1, \cdots)$。此时,调制后的交流信号存在极值点 u_{aa}。结合式(5.11)可知,此时极值点 u_{aa} 的横坐标与方位角 α 相关。随着下仪器的转动,方位角 α 时刻在变化,极值点 u_{aa} 的横坐标左右移动,因此,极值点 u_{aa} 是不容易采集到的。根据调制度 m_f 以及方位角 α 的大小,极值点 u_{aa} 可能在半周期 $t \in [0, T/2]$ 内,也可能不在此范围内,更增加了极值点横坐标的不确定性。

对半波三角波信号求导发现,当 $t \in (0, T/4) \cup (T/4, T/2)$ 时,不存在 $f'(t) = 0$。

当半波三角波信号的变量 $t \in (T/2, T)$ 时,调制信号幅值始终为 0,调制后的交流信号幅值始终也为 0,不存在可以利用的信息。

在 $t = 0$、$T/4$、$T/2$ 3 个连续不可导点,根据式(5.13)分别得到 3 个值 $u_a|_{t=0} = 0$、$u_a|_{t=\frac{T}{4}} = \dfrac{ku_0}{2}[\cos(2\alpha) - \cos(2\alpha)\cos(m_f) + \sin(2\alpha)\sin(m_f)]$ 和 $u_a|_{t=\frac{T}{2}} = 0$,经分析 $t = T/4$ 处得到的值 $u_{a1}|_{t=\frac{T}{4}} = \dfrac{ku_0}{2}[\cos(2\alpha) - \cos(2\alpha)\cos(m_f) + \sin(2\alpha)\sin(m_f)]$ 为极值点。

为了验证上述论述的正确性,以 $m_f = 2\,\mathrm{rad}$,$k = 10$,$u_0 = 1\,\mathrm{V}$,$T = 0.01\,\mathrm{s}$ 为例,图 5.9 所示为方位角分别为 1°、10°、43°、44.9° 半波三角波调制后的交流信号分布情况,图中粗黑线代表调制信号、细黑线代表方位角为 1° 时调制后的交流信号、红线代表方位角为 10° 时调制后的交流信号、蓝线代表方位角为 43° 时调制后的交流信号、绿线代表方位角为 44.9° 时调制后的交流信号。

由图 5.9 可见,半波三角波调制后的交流信号的确存在极值点。

(1)当方位角为 1°、10° 时不存在极值点 u_{aa},当方位角为 43°、44.9° 时存在

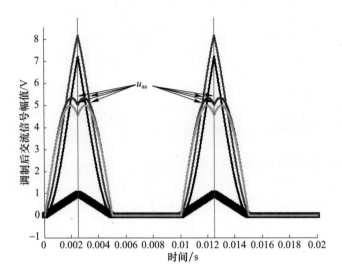

图 5.9　方位角分别为 1°、10°、43°、44.9°时半波三角波调制后的交流信号(见彩插)

极值点 u_{aa},证明极值点 u_{aa} 的横坐标与方位角相关。

(2) 当 $t \in (T/2, T)$ 时,调制后的交流信号始终为 0,没有使用价值。

(3) 无论方位角为何值时,调制后交流信号在 $t = \dfrac{T}{4}$ 处始终存在极值点 u_{a1}; 但是,仅利用单个极值点信息是不宜建立方位测量模型的,因此半波三角波磁光调制后的交流信号不适用于建立方位测量模型。

5.2.2　基于混合信号的方位测量方法

半波三角波调制后混合信号分析与 5.1.2 节半波方波调制后混合信号分析类似,同样在 $t = \dfrac{T}{4}$ 处得到一个极值点 $u_1 = \dfrac{ku_0}{2}\left[1 - \cos(2\alpha + m_f)\right]$ 以及在 $t \in$ $(T/2, T]$ 时得到恒量信号 $u_2 = \dfrac{ku_0}{2}\left[1 - \cos(2\alpha)\right]$。以 $m_f = 2\text{rad}, k = 10, u_0 = 1\text{V}$, $T = 0.01\text{s}$ 为例,图 5.10 所示方位角分别为 1°、10°、40°、44.9°半波三角波调制后的混合信号分布情况,图中粗黑线代表调制信号、黑线代表方位角为 1°时调制后的混合信号、红线代表方位角为 10°时调制后的混合信号、蓝线代表方位角为 40°时调制后的混合信号、绿线代表方位角为 44.9°时调制后的混合信号。由图 5.10 可见,横坐标位置不固定的极值点 u_{aa} 时有时无,没有使用价值;在 $t = \dfrac{T}{4}$ 处始终存在极值点 u_1,在 $t \in (T/2, T]$ 的范围内始终存在恒量信号 u_2,验证了上述分析。

88

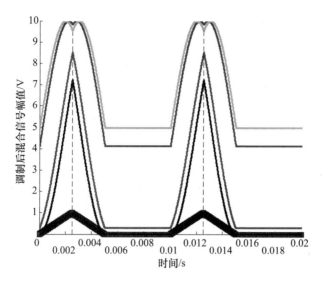

图 5.10　方位角分别为 1°、10°、40°、44.9°时半波
三角波调制信号与调制后的混合信号(见彩插)

采集极值点 u_1 以及恒量信号 u_2,参照 5.1.1 节基于半波方波调制后混合信号的方法,同样建立基于半波三角波调制后混合信号的方位测量模型式(5.5)。

该模型的测量精度、测量范围与 5.1.1 节所建立的模型相同,这里不再赘述。

5.3　基于半波锯齿波磁光调制的方位测量

5.3.1　基于交流信号的方位测量方法

设半波锯齿波调制信号为

$$f(t) = \begin{cases} \dfrac{2}{T}t, & t \in (0, T/2] \\ 0, & t \in (T/2, T] \end{cases} \tag{5.15}$$

式中:t 为时间;T 为调制信号的周期。

原理分析与半波三角波调制相同,同样得到调制后的交流信号,即

$$u_a = u - u_d = \frac{ku_0}{2}\{\cos 2\alpha - \cos 2\alpha \cos[m_f f(t)] + \sin 2\alpha \sin[m_f f(t)]\}$$

在单个周期范围内,当变量 $t \in (0, T/2)$、$t \in (T/2, T)$ 时,半波锯齿波函数连续可导,$t = 0$、$T/2$、T 3 个点属于连续不可导点。

89

若半波锯齿波函数 $f(t)$ 连续可导，存在导数 $f'(t)$，当下仪器处于某一个固定位置时，方位角为一固定值。此时，令 $\dfrac{\mathrm{d}u_a}{\mathrm{d}t}=0$，可得

$$\frac{ku_0}{2} \cdot f'(t) \cdot \{\cos(2\alpha)\sin[m_f f(t)] + \sin(2\alpha)\cos[m_f f(t)]\} = 0 \qquad (5.16)$$

当 $\cos(2\alpha)\sin[m_f f(t)] + \sin(2\alpha)\cos[m_f f(t)] = 0$ 成立时，$f(t) = \dfrac{2n\pi - 2\alpha}{m_f}$ ($n=0,1,\cdots$)，交流信号存在极值点 u_{aa}，结合式(5.15)可知，极值点 u_{aa} 的横坐标 t 与方位角 α 相关。随着下仪器转动，方位角 α 时刻在变化，极值点 u_{aa} 的横坐标 t 左右移动，因此极值点 u_{aa} 是不容易采集到的。根据调制度 m_f 以及方位角 α 的大小，极值点 u_{aa} 可能在半周期 $t \in (0, T/2)$ 内，也可能不在此范围内，更增加了极值点横坐标的不确定性。

经过对半波锯齿波函数求导发现，当 $t \in (0, T/2)$ 时，不存在 $f'(t) = 0$。

当半波锯齿波函数 $f(t)$ 的变量 $t \in (T/2, T)$ 时，调制信号始终为 0，调制后的交流信号也始终为 0，不存在可以利用的信息。

在 $t = 0$、$T/2$、T 3 个连续不可导点，根据式(5.15)可以分别得到 3 个值 $u_a|_{t=0} = 0$、$u_a\big|_{t=\frac{T}{2}} = \dfrac{ku_0}{2}\big[\cos(2\alpha) - \cos(2\alpha)\cos(m_f) + \sin(2\alpha)\sin(m_f)\big]$、

$u_a|_{t=T} = 0$，经分析 $t = T/2$ 时得到的值 $u_{a1}\big|_{t=\frac{T}{2}} = \dfrac{ku_0}{2}\big[\cos(2\alpha) - \cos(2\alpha)\cos(m_f) + \sin(2\alpha)\sin(m_f)\big]$ 为极值点。

为了验证上述论述的正确性，以 $m_f = 2\mathrm{rad}$，$k = 10$，$u_0 = 1\mathrm{V}$，$T = 0.01\mathrm{s}$ 为例，图 5.11 所示方位角分别为 $-15°$、$-10°$、$10°$、$15°$ 半波锯齿波调制后交流信号的分布情况，图中粗黑线代表调制信号，黑线、红线、蓝线、绿线分别代表方位角为 $-15°$、$-10°$、$10°$、$15°$ 时调制后的交流信号。

由图 5.11 可见，在单个周期范围内半波锯齿波调制后的交流信号中的确存在极值点。

(1) 当方位角为 $10°$、$15°$ 时不存在极值点 u_{aa}，当方位角为 $-15°$、$-10°$ 时存在极值点 u_{aa}，证明极值点 u_{aa} 的横坐标与方位角相关。

(2) 当 $t \in (T/2, T)$ 时，调制后的交流信号始终为 0，没有使用价值。

(3) 无论方位角为何值时，调制后的交流信号在 $t = \dfrac{T}{2}$ 处始终存在极值点 u_{a1}；但是仅利用单个极值点信息是不宜建立方位测量模型的，因此半波锯齿波磁光调制后的交流信号不适用于方位测量。

90

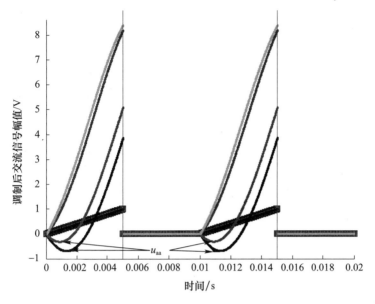

图 5.11　方位角分别为 -15°、-10°、10°、15°时半波锯齿波调制后的交流信号(见彩插)

5.3.2　基于混合信号的方位测量方法

半波锯齿波调制后混合信号的分析与 5.1.1 节半波方波调制后混合信号的分析类似。同样,在 $t = \dfrac{T}{4}$ 时得到一个极值点 $u_1 = \dfrac{ku_0}{2}[1 - \cos(2\alpha + m_f)]$ 以及在 $t \in (T/2, T]$ 时得到恒量信号 $u_2 = \dfrac{ku_0}{2}[1 - \cos(2\alpha)]$。以 $m_f = 2\,\mathrm{rad}, k = 10, u_0 = 1\,\mathrm{V}, T = 0.01\,\mathrm{s}$ 为例,图 5.12 所示方位角分别为 1°、10°、40°、44.9°半波锯齿波调制后混合信号的分布情况,图中粗黑线代表调制信号,黑线、红线、蓝线、绿线分别代表方位角为 1°、10°、40°、44.9°时调制后的混合信号。由图 5.12 可见,虽然极值点 u_{aa} 仍然存在,但是横坐标位置不固定,不宜采用;在 $t = \dfrac{T}{2}$ 处始终存在极值点 u_1,在 $t \in (T/2, T]$ 范围内始终存在恒量信号 u_2,验证了上述分析。

采集极值点 u_1 以及恒量信号 u_2,参照 5.1.1 节基于半波方波调制后混合信号的方法,同样建立基于半波锯齿波调制后混合信号的方位测量模型式(5.5)。

该模型的测量精度、测量范围与 5.1.1 节所建立的模型相当,这里不再赘述。

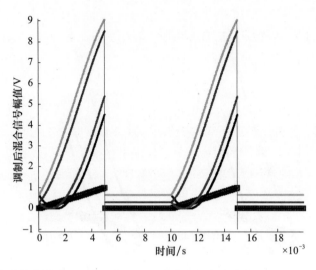

图 5.12　方位角分别为 1°、10°、40°、44.9°时半波锯齿波调制后的混合信号(见彩插)

5.4　基于半波正弦波磁光调制的方位测量

5.4.1　基于交流信号的方位测量方法

设半波正弦波调制信号为

$$f(t) = \begin{cases} \sin(\omega t), & t \in (0, T/2] \\ 0, & t \in (T/2, T] \end{cases} \tag{5.17}$$

式中：t 为时间；T 为调制信号周期；ω 为调制信号角频率。

原理中公式推导与 2.3 节类似，同样得到调制后信号中的直流信号 u_d 与交流信号 u_a，即

$$u_d = ku_0 \sin^2\alpha = \frac{ku_0}{2}[1 - J_0(m_f)\cos(2\alpha)]$$

$$u_a = u - u_d = \frac{ku_0}{2}\{J_0(m_f)\cos(2\alpha) - \cos(2\alpha)\cos[m_f f(t)] + \sin(2\alpha)\sin[m_f f(t)]\}$$

$$\tag{5.18}$$

在单个周期范围内，当 $t \in [0, T/2]$ 时，半波正弦波函数 $f(t)$ 连续可导，存在导数 $f'(t)$，当下仪器处于某一固定位置时，方位角为固定值。此时，令 $\dfrac{\mathrm{d}u_a}{\mathrm{d}t} = 0$，可得

92

$$\frac{ku_0}{2} \cdot f'(t) \cdot \{\cos(2\alpha)\sin[m_f f(t)] + \sin(2\alpha)\cos[m_f f(t)]\} = 0 \quad (5.19)$$

当 $\cos(2\alpha)\sin[m_f f(t)] + \sin(2\alpha)\cos[m_f f(t)] = 0$ 成立时, $f(t) = \dfrac{2n\pi - 2\alpha}{m_f}$ ($n = 0,1,\cdots$),交流信号存在极值点 u_{aa}。结合式(5.17)可知,极值点 u_{aa} 的横坐标 t 与方位角 α 相关。随着下仪器的转动,方位角 α 时刻在变化,极值点 u_{aa} 的横坐标 t 左右移动,因此,极值点 u_{aa} 不容易采集。根据调制度 m_f 以及方位角 α 的大小,极值点 u_{aa} 可能在半周期 $t \in [0, T/2]$ 内,也可能不在此范围内,更增加了极值点横坐标的不确定性。

当 $f'(t) = 0$ 成立时,表明交流信号 u_a 存在极值点。经计算半波正弦波函数在半周期 $t \in [0, T/2]$ 内的 $t = \dfrac{T}{4}$ 处存在 $f'(t) = 0$,相应的极值点为

$$u_{a1}\big|_{t = \frac{T}{4}} = \frac{ku_0}{2}\big[J_0(m_f)\cos(2\alpha) - \cos(2\alpha)\cos(m_f) + \sin(2\alpha)\sin(m_f)\big]$$

当半波正弦波函数 $f(t)$ 的变量 $t \in (T/2, T]$ 时,调制信号始终为 0,调制后的交流信号也始终为 0,不存在可以利用的信息。

为了验证上述论述的正确性,以 $m_f = 2\mathrm{rad}$, $k = 10$, $u_0 = 1\mathrm{V}$, $T = 0.01\mathrm{s}$ 为例,图 5.13 所示方位角分别为 1°、10°、43°、44.9° 半波正弦波调制后交流信号的分布情况,图中粗黑线代表调制信号,黑线、红线、蓝线、绿线分别代表方位角为 1°、10°、43°、44.9° 时调制后的交流信号。

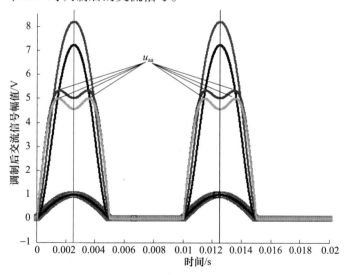

图 5.13　方位角分别为 1°、10°、43°、44.9° 时半波正弦波调制后的交流信号(见彩插)

由图 5.13 可见,在单个周期范围内半波正弦波调制后的交流信号中的确存在极值点。

(1) 当方位角为 1°、10°时不存在极值点 u_{aa},当方位角为 43°、44.9°时存在极值点 u_{aa},验证了极值点 u_{aa} 的横坐标与方位角相关。

(2) 当 $t \in (T/2, T)$ 时,调制后的交流信号始终为 0,没有使用价值。

(3) 无论方位角为何值,调制后交流信号在 $t = \dfrac{T}{4}$ 时始终存在极值点 u_{a1};但是仅利用单个极值点信息是不宜建立方位测量模型的,因此半波正弦波磁光调制后的交流信号不适用于方位测量。

5.4.2 基于混合信号的方位测量方法

半波正弦波调制后混合信号的分析与 5.1.1 节半波方波调制后混合信号的分析类似,同样在 $t = \dfrac{T}{4}$ 时得到一个极值点 $u_1 = \dfrac{ku_0}{2}[1 - \cos(2\alpha + m_f)]$ 以及在 $t \in (T/2, T]$ 时得到恒量信号 $u_2 = \dfrac{ku_0}{2}[1 - \cos(2\alpha)]$。以 $m_f = 2\mathrm{rad}, k = 10, u_0 = 1\mathrm{V}, T = 0.01\mathrm{s}$ 为例,图 5.14 所示方位角分别为 1°、10°、40°、44.9°半波正弦波调制后混合信号的分布情况,图中粗黑线代表调制信号,黑线、红线、蓝线、绿线分别代表方位角为 1°、10°、40°、44.9°时调制后的混合信号。由图 5.14 可见,虽然极值点 u_{aa} 仍然存在,但是横坐标位置不固定,不能采用;在 $t = \dfrac{T}{4}$ 处始终存在极值点 u_1,在 $t \in (T/2, T]$ 范围内始终存在恒量信号 u_2,验证了上述分析。

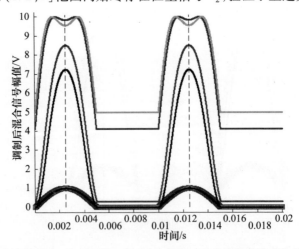

图 5.14　方位角分别为 1°、10°、40°、44.9°时半波正弦波调制后的混合信号(见彩插)

94

采集极值点 u_1 以及恒量信号 u_2,参照 5.1.1 节基于半波方波调制后混合信号的方法,同样建立基于半波正弦波调制后混合信号的方位测量模型式(5.5)。

该模型的测量精度、测量范围与 5.1.1 节所建立的模型相当,这里不再赘述。

5.5 基于半波波形磁光调制的方位测量规律

根据第 4 章以及本章上述分析,可以得到表 5.1 所列的不同波形调制在方位测量中的应用情况。

表 5.1 不同波形磁光调制在方位测量中的应用情况

调制信号波形			可否应用于方位测量	理论测量精度	理论测量范围
正弦波	对称波	调制后混合信号	√	优于传统方法	正切: $-90°\sim90°$
					余弦: $-45°\sim45°$
					正弦: $-45°\sim45°$
		调制后交流信号	√	优于传统方法	$-45°\sim45°$
	半波	调制后混合信号	√	优于传统方法	$-90°\sim90°$
		调制后交流信号	×	×	×
方波	对称波	调制后混合信号	√	优于传统方法	正切: $-90°\sim90°$
					余弦: $-45°\sim45°$
					正弦: $-45°\sim45°$
		调制后交流信号	√	优于传统方法	$-45°\sim45°$
	半波	调制后混合信号	√	优于传统方法	$-90°\sim90°$
		调制后交流信号	×	×	×
三角波	对称波	调制后混合信号	√	优于传统方法	正切: $-90°\sim90°$
					余弦: $-45°\sim45°$
					正弦: $-45°\sim45°$
		调制后交流信号	√	优于传统方法	$-45°\sim45°$
	半波	调制后混合信号	√	优于传统方法	$-90°\sim90°$
		调制后交流信号	×	×	×

调制信号波形			可否应用于方位测量	理论测量精度	理论测量范围
锯齿波	对称波	调制后混合信号	×	×	×
		调制后交流信号	×	×	×
	半波	调制后混合信号	√	优于传统方法	−90°～90°
		调制后交流信号	×	×	×
注："√"表示该方案可行；"×"表示该方案不可行					

通过前面对 4 种波形磁光调制在方位测量中的应用研究以及表 5.1 的总结，发现单波形磁光调制在方位测量中的应用存在以下规律。

（1）无论调制信号为何种单波形，调制后的输出信号均为与调制信号同频率、形状基本相同、由直流信号与交流信号组成的混合信号，均可以从交流信号、混合信号两个方面着手进行研究。

（2）调制信号为单对称波形时，除锯齿波外，正弦波、方波、三角波调制下均可以分别建立基于调制后交流信号、混合信号的方位测量模型，且建立的基于混合信号的方位测量模型均可以用正切、正弦、余弦 3 种形式表示。

（3）通过 4 种单对称波形在方位测量中的应用情况对比分析可见，在单个周期范围内只有调制信号幅值在正负区间内均有极值点，且相应的极值点对应的横坐标不重合情况下，才能够建立基于此调制信号的方位测量模型。

（4）调制信号为半波信号时，均可以建立基于调制后混合信号的方位测量模型，主要原因是：当调制信号存在幅值时，可以找到一个横坐标不变的极值点；当调制信号幅值为 0 时，由于方位角的存在，调制后混合信号中仍然存在一个幅值不为 0 的恒量信号。

（5）通过 4 种半波信号调制下输出交流信号的分析发现，均不能建立方位测量模型，主要原因是：当调制信号存在幅值时，可以找到一个横坐标不变的极值点；当调制信号幅值为 0 时，调制后交流信号幅值为 0，可利用信息较少。

（6）通过 4 种单对称波形、四种半波形信号在方位测量中的应用规律可以预见：若建立基于调制后混合信号的方位测量模型，调制信号幅值必须在单个周期范围内存在两个横坐标不重合的极值点，而对调制信号的幅值没有要求；若建立基于调制后交流信号的方位测量模型，调制信号幅值必须在单个周期范围内存在两个横坐标不重合的极值点，且调制信号的幅值不能为 0。

第6章　基于同类倍频信号叠加复合调制的方位测量

本章提出多波形叠加复合调制的概念,重点研究同类、倍频、同相位正弦波、方波、三角波分别与自身基频信号叠加复合调制在方位测量中的应用。分别建立复合调制信号、调制后信号模型,分析调制后信号成分,利用调制后信号中交流信号的极值点与方位角的关系,建立方位测量模型;并分别在研究一、二、三等多倍频信号叠加复合调制的基础上,总结同类、同相位、不同倍频信号自身叠加复合调制的方位测量规律[104-105]。

6.1　基于倍频正弦波叠加复合调制的方位测量

6.1.1　方位测量原理

基于倍频正弦波叠加复合调制的方位测量系统原理如图6.1所示。上仪器中激光器发出的激光经过起偏器后成为线偏振光,线偏振光通过磁光调制器中磁光材料,在倍频正弦波叠加复合调制信号调制产生的交变磁场作用下,发生法拉第旋光效应,并穿过磁光调制器后传递至下仪器。下仪器接收到调制后的信号,经过检偏、聚焦、光电转换、放大等一系列处理后得到与方位角相关的信号。同时,上仪器调制信号中的基频正弦波信号传递至下仪器,与下仪器中的取样积分电路配合采集调制后的电压信号,并经过一定的运算处理得到方位角信息。

由于倍频正弦波按照叠加方式的不同分为多种类型,本节主要针对同振幅、同相位、不同倍频正弦波信号叠加到基频正弦波信号的情况进行研究,设叠加前基频和倍频信号分别为

$$\begin{cases} f_1(t) = \sin(\omega t) \\ f_2(t) = \sin(n\omega t) \end{cases} \tag{6.1}$$

式中:ω 为基频正弦波调制信号的角频率;t 为时间变化量;n 为叠加的倍频信号为基频信号的频率倍数。

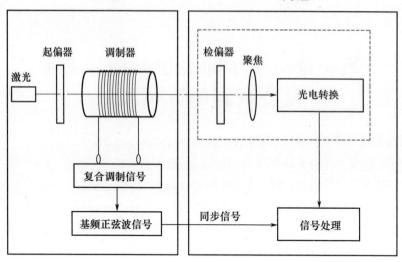

图6.1 基于倍频正弦波叠加复合调制的方位测量系统原理图

叠加后的复合调制信号为

$$f(t) = f_1(t) + f_2(t) = \sin(\omega t) + \sin(n\omega t) \tag{6.2}$$

设 θ 为磁光调制过程中光波偏振面的旋转角,则

$$\theta = \frac{1}{2}m_f f(t) = \frac{1}{2}m_f[\sin(\omega t) + \sin(n\omega t)] \tag{6.3}$$

式中: m_f 为调制器的调制度,单位为 rad,设备固定时是一个常数。

根据马吕斯定律得到下仪器接收到的信号经光电转换、放大处理后为

$$u = ku_0 \sin^2(\alpha + \theta) = ku_0 \sin^2\left\{\alpha + \frac{1}{2}m_f[\sin(\omega t) + \sin(n\omega t)]\right\} \tag{6.4}$$

式中: k 为放大电路的放大倍数; $u_0 = \eta \cdot I_0$, η 为量子转换效率, I_0 为上仪器中激光器发出的激光经过起偏器后的光强; α 为上、下仪器之间的方位角。

将式(6.4)展开得到

$$u = ku_0 \left\{ \begin{matrix} 1 - \cos(2\alpha)\{\cos(m_f\sin(\omega t))\cos[m_f\sin(n\omega t)] - \sin(m_f\sin(\omega t))\sin[m_f\sin(n\omega t)]\} \\ + \sin(2\alpha)\{\sin(m_f\sin(\omega t))\cos[m_f\sin(n\omega t)] + \cos(m_f\sin(\omega t))\sin[m_f\sin(n\omega t)]\} \end{matrix} \right\} \tag{6.5}$$

根据第一类贝塞尔函数展开式

$$\cos[m_f\sin(\omega t)] = J_0(m_f) + 2\sum_{m=1}^{\infty} J_{2m}(m_f)\cos(2m\omega t) \tag{6.6}$$

98

$$\sin\left[m_f\sin(\omega t)\right] = 2\sum_{m=1}^{\infty}J_{2m-1}(m_f)\cos\left[(2m-1)(wt)\right] \tag{6.7}$$

$$\cos\left[m_f\sin(n\omega t)\right] = J_0(m_f) + 2\sum_{m=1}^{\infty}J_{2m}(m_f)\cos(2mn\omega t) \tag{6.8}$$

$$\sin\left[m_f\sin(n\omega t)\right] = 2\sum_{m=1}^{\infty}J_{2m-1}(m_f)\cos\left[(2m-1)(n\omega t)\right] \tag{6.9}$$

并结合 2.3 节分析可知,当方位角为定值时,随着时间变量 t 变化,式(6.5)中恒定量为 $ku_0\left[1 - J_0^2(m_f)\cos(2\alpha)\right]$,其余为 t 的函数。因此,调制后混合信号中的直流信号为

$$u_d = ku_0\left[1 - J_0^2(m_f)\cos(2\alpha)\right] \tag{6.10}$$

交流信号为

$$u_a = ku_0\sin^2\left\{\alpha + \frac{1}{2}m_f\left[\sin(\omega t) + \sin(n\omega t)\right]\right\} - ku_0\left[1 - J_0^2(m_f)\cos(2\alpha)\right] \tag{6.11}$$

以 $m_f = 0.087\,\text{rad}, T = 0.01\,\text{s}, u_0 = 1\,\text{V}, k = 20$ 为例,在相同条件下,当 $\alpha = 30°$ 时,1 倍频信号叠加复合调制与传统正弦波调制后混合信号、交流信号、直流信号对比如图 6.2 所示。

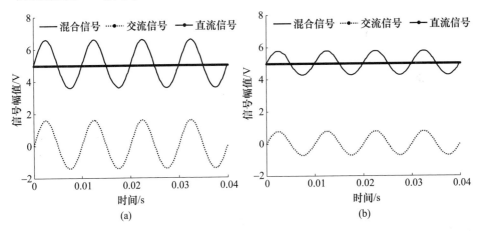

图 6.2　1 倍频正弦波叠加复合调制与传统正弦波调制后各信号对比图
(a)复合调制;(b)正弦波调制。

由图 6.2 可见,1 倍频信号叠加复合调制与正弦波调制后的直流信号几乎相同,混合信号有所增强,交流信号幅值增强了近 1 倍。若此时的交流信号能够用于测量方位角,将利于提高信号采集精度和方位测量精度。

6.1.2 构建方位测量模型的可行性分析

交流信号式(6.11)对 wt 求导数,可得

$$\frac{\mathrm{d}u_a}{\mathrm{d}(\omega t)} = \frac{ku_0}{2} \cdot m_f \cdot \sin\{2\alpha + m_f[\sin(\omega t) + \sin(n\omega t)]\} \cdot [\cos(\omega t) + n\cos(n\omega t)] = 0$$

(6.12)

1. 1 倍频正弦波信号叠加复合调制

当 $n=1$,且式(6.12)中 $\sin(2\alpha + 2m_f\sin(\omega t)) = 0$ 成立时,在调制后信号单个周期内,交流信号存在两个极值点,其横坐标分别为 $\frac{1}{w}\arcsin\frac{\pi - 2\alpha}{2m_f}$、$\frac{1}{w}\arcsin\frac{2\pi - 2\alpha}{2m_f}$。由表达式可见,这两个极值点的横坐标与方位角相关,当方位角变化时,极值点的横坐标位置左右移动,不利于极值点数据采集。

此外,当式(6.12)中 $\cos(\omega t) = 0$ 成立时,在调制后信号单个周期内,交流信号中还存在另外两个极值点,它们的横坐标分别为 $\frac{T}{4}$、$\frac{3T}{4}$。由此可见,这两个极值点的横坐标与方位角无关,无论方位角如何变化,这两个极值点的横坐标位置始终不动。计算得到两个极值点分别为

$$u_{a11} = u_a\big|_{t=\frac{T}{4}} = \frac{ku_0}{2}[J_0^2(m_f)\cos(2\alpha) - \cos(2\alpha)\cos(2m_f) + \sin(2\alpha)\sin(2m_f)]$$

(6.13)

$$u_{a12} = u_a\big|_{t=\frac{3T}{4}} = \frac{ku_0}{2}[J_0^2(m_f)\cos(2\alpha) - \cos(2\alpha)\cos(2m_f) - \sin(2\alpha)\sin(2m_f)]$$

(6.14)

根据上述分析,1 倍频正弦波信号叠加复合调制信号以及复合调制后的交流信号如图 6.3 所示,图 6.3(a)中各曲线分别代表基频信号、1 倍频信号、复合调制信号,图 6.3(b)中各曲线分别代表方位角为 1°、10°、30°时复合调制后的交流信号。

由图 6.3 可见,图中所示证明了上述推论。采集 u_{a11}、u_{a12},得到

$$u_{a11} + u_{a12} = ku_0 \cdot \cos(2\alpha) \cdot [J_0^2(m_f) - \cos(2m_f)] \tag{6.15}$$

$$u_{a11} - u_{a12} = ku_0 \cdot \sin(2\alpha)\sin(2m_f) \tag{6.16}$$

令 $(u_{a11} - u_{a12})/(u_{a11} + u_{a12})$,得到

$$\frac{u_{a11} - u_{a12}}{u_{a11} + u_{a12}} = \tan(2\alpha)\frac{\sin(2m_f)}{J_0^2(m_f) - \cos(2m_f)} \tag{6.17}$$

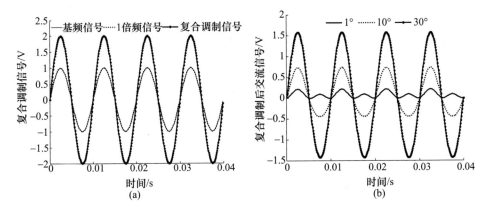

图 6.3 1 倍频正弦波叠加复合调制信号与调制后的交流信号图
(a) 复合调制信号; (b) 复合调制后交流信号。

由此得到方位测量模型:

$$\alpha = \frac{1}{2}\arctan\left[\frac{J_0^2(m_f) - \cos(2m_f)}{\sin(2m_f)} \cdot \frac{u_{a11} - u_{a12}}{u_{a11} + u_{a12}}\right] \tag{6.18}$$

在模型式(6.18)中,对于设计好的仪器而言 m_f 为常数。在测量过程中,仅需要利用取样积分电路采集调制后交流信号中横坐标位置固定不变的极值点信息,并代入测量模型式(6.18),即可得到上下仪器之间的方位角。

2. 2 倍频正弦波信号叠加复合调制

当 $n=2$,且式(6.12)中 $\sin\{2\alpha + m_f[\sin(\omega t) + \sin(2\omega t)]\} = 0$ 成立时,在调制后信号单个周期内,交流信号存在多个极值点,但是它们的横坐标均与方位角有关。当方位角变化时,极值点的横坐标位置左、右移动,不利于极值点数据采集。

此外,当式(6.12)中 $\cos(\omega t) + 2\cos(2\omega t) = 0$ 成立时,在调制后信号单个周期内,交流信号中存在 4 个极值点,其横坐标分别为 $\frac{1}{w}\arccos\frac{-1+\sqrt{33}}{8}$、$\frac{1}{w}\arccos\frac{-1+\sqrt{33}}{8}$、$\frac{1}{w}\left(2\pi - \arccos\frac{-1-\sqrt{33}}{8}\right)$、$\frac{1}{w}\left(2\pi - \arccos\frac{-1+\sqrt{33}}{8}\right)$,这些极值点的横坐标均与方位角无关。但是,4 个极值点的横坐标位置不属于特殊位置,不利于极值点数据采集。

根据上述分析,2 倍频信号叠加复合调制信号以及复合调制后的交流信号如图 6.4 所示,图 6.4(a)中各曲线分别代表基频信号、2 倍频信号、复合调制信号,图 6.4(b)中各曲线分别代表方位角为 1°、10°、30°时复合调制后的交流信号。

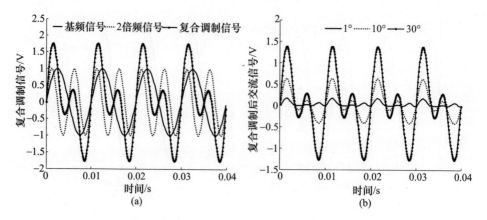

图 6.4　2 倍频正弦波叠加复合调制信号与调制后的交流信号图

(a)复合调制信号；(b)复合调制后交流信号。

由图 6.4 可见,图中所示证明了上述推论,2 倍频信号叠加复合调制后的交流信号不存在与方位角无关且横坐标位置不变的极值点,因此不能建立方位测量模型。

3. 3 倍频正弦波信号叠加复合调制

当 $n=3$,且式(6.12)中 $\sin\{2\alpha+m_f[\sin(\omega t)+\sin(3\omega t)]\}=0$ 成立时,在调制后信号单个周期内,交流信号存在多个极值点,但是其横坐标均与方位角相关。当方位角变化时,极值点的横坐标位置左、右移动,不利于极值点数据采集。

此外,当式(6.12)中 $\cos(\omega t)+3\cos(3\omega t)=0$ 成立时,在调制后信号单个周期范围内,交流信号存在 6 个极值点,其横坐标分别为 $\frac{T}{4}$、$\frac{3T}{4}$、$-\frac{1}{\omega}\arcsin\frac{\sqrt{3}}{3}$、$\frac{1}{\omega}\arcsin\frac{\sqrt{3}}{3}$、$\frac{1}{\omega}\left(\pi-\arcsin\frac{\sqrt{3}}{3}\right)$、$\frac{1}{\omega}\left(\pi+\arcsin\frac{\sqrt{3}}{3}\right)$。由此可见,这 6 个极值点的横坐标均与方位角无关,但是后 4 个极值点的横坐标位置不属于特殊位置,不利于极值点数据采集;仅有前 2 个极值点的横坐标位置不随方位角的变化而变化,且利于数据采集,可能具备使用价值,计算得到两个极值点分别为

$$u_{a31}=u_a\big|_{t=\frac{T}{4}}=0 \tag{6.19}$$

$$u_{a32}=u_a\big|_{t=\frac{3T}{4}}=0 \tag{6.20}$$

由此可见,这两个横坐标位置不变的极值点对应的信号幅值均为 0,没有使用意义。

根据上述分析,3 倍频信号叠加复合调制信号以及复合调制后的交流信号如图 6.5 所示,图 6.5(a)中各曲线分别代表基频信号、3 倍频信号、复合调制信

号,图6.5(b)中各曲线分别代表方位角为1°、10°、30°时复合调制后的交流信号。

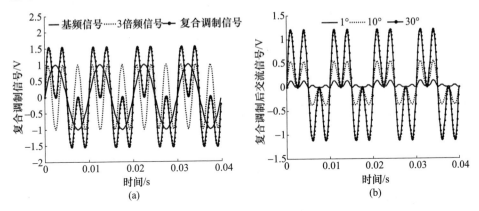

图6.5 3倍频正弦波叠加复合调制信号与调制后的交流信号图
(a)复合调制信号;(b)复合调制后交流信号。

由图6.5可见,图中所示证明了上述推论,3倍频信号叠加复合调制后的交流信号不存在与方位角无关且横坐标位置不变的极值点,因此不能建立方位测量模型。

4. 4倍频正弦波信号叠加复合调制

当 $n=4$,且式(6.12)中 $\sin\{2\alpha + m_f[\sin(\omega t) + \sin(4\omega t)]\} = 0$ 成立时,在调制后信号单个周期范围内,交流信号存在多个极值点,但是其横坐标均与方位角相关。当方位角变化时,极值点的横坐标位置左右移动,不利于极值点数据采集。

此外,当式(6.12)中 $\cos(\omega t) + 4\cos(4\omega t) = 0$ 成立时,在调制后信号单个周期范围内,交流信号存在4个极值点,虽然其横坐标都与方位角无关,但是均不属于特殊位置,不利于极值点数据采集。

根据上述分析,4倍频信号叠加复合调制信号以及复合调制后的交流信号如图6.6所示,图6.6(a)中各曲线分别代表基频信号、4倍频信号、复合调制信号,图6.6(b)中各曲线分别代表方位角为1°、10°、30°时复合调制后的交流信号。

由图6.6可见,图中所示证明了上述推论,4倍频信号叠加复合调制后的交流信号不存在与方位角无关且横坐标位置不变的极值点,因此不能建立方位测量模型。

5. 5倍频正弦波信号叠加复合调制

当 $n=5$,且式(6.12)中 $\sin\{2\alpha + m_f[\sin(\omega t) + \sin(5\omega t)]\} = 0$ 成立时,在调

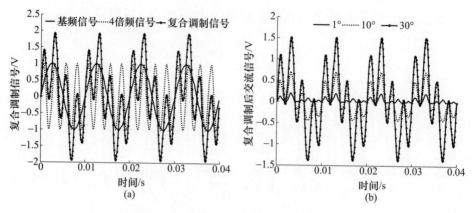

图 6.6　4 倍频正弦波叠加复合调制信号与调制后的交流信号图
(a)复合调制信号；(b)复合调制后交流信号。

制后信号单个周期范围内,交流信号存在多个极值点,但是其横坐标均与方位角相关。当方位角变化时,极值点的横坐标位置左右移动,不利于极值点数据采集。

此外,当式(6.12)中 $\cos(\omega t) + 5\cos(5\omega t) = 0$ 成立时,在调制后信号单个周期范围内,交流信号存在 6 个极值点,这 6 个极值点的横坐标均与方位角无关,但是其中 4 个极值点的横坐标不是特殊位置,不利于极值点数据采集;另外 2 个极值点的横坐标分别为 $\frac{T}{4}$、$\frac{3T}{4}$,其对应的极值点分别为

$$u_{a51} = u_a\big|_{t=\frac{T}{4}} = \frac{ku_0}{2}\big[J_0^2(m_f) \cdot \cos(2\alpha)$$
$$- \cos(2\alpha)\cos(2m_f) + \sin(2\alpha)\sin(2m_f)\big] \tag{6.21}$$

$$u_{a52} = u_a\big|_{t=\frac{3T}{4}} = \frac{ku_0}{2}\big[J_0^2(m_f) \cdot \cos(2\alpha)$$
$$- \cos(2\alpha)\cos(2m_f) - \sin(2\alpha)\sin(2m_f)\big] \tag{6.22}$$

根据上述分析,5 倍频信号叠加复合调制信号以及复合调制后的交流信号如图 6.7 所示,图 6.7(a)中各曲线分别代表基频信号、5 倍频信号、复合调制信号,图 6.7(b)中各曲线分别代表方位角为 1°、10°、30°时复合调制后的交流信号。

由图 6.7 可见,图中所示证明了上述推论。通过式(6.21)、式(6.22)与式(6.13)、式(6.14)中极值点横坐标、纵坐标对比可知,5 倍频信号叠加复合调制与 1 倍频信号叠加复合调制情况完全相同,因此能够得到类似的方位测量模型,即

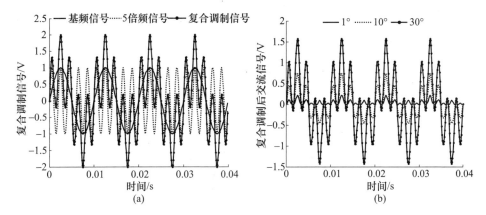

图 6.7　5 倍频正弦波叠加复合调制信号与调制后的交流信号图

（a）复合调制信号；（b）复合调制后交流信号。

$$\alpha = \frac{1}{2}\arctan\left[\frac{J_0^2(m_f) - \cos(2m_f)}{\sin(2m_f)} \cdot \frac{u_{a51} - u_{a52}}{u_{a51} + u_{a52}}\right] \qquad (6.23)$$

此模型与 1 倍频信号叠加复合调制得到的方位测量模型式（6.18）形式完全相同。

6.1.3　基于倍频正弦波叠加复合调制的方位测量规律

由上述分析可见,基于倍频正弦波信号与基频信号叠加复合调制的方位测量存在以下规律。

（1）不同倍频正弦波信号与基频信号叠加复合调制时,调制后信号中均包含直流信号和交流信号,且交流信号存在极值点。

（2）当叠加的倍频信号频率为基频信号的 2、4、6、8、……、$2h$、……、($h = 1,2,3,\cdots$)倍时,在调制后信号单个周期范围内,交流信号存在横坐标与方位角无关的极值点,但是其横坐标位置不是特殊位置,不利于极值点数据采集,因此不能利用极值点信息建立方位测量模型。

（3）当叠加的倍频信号频率为基频信号的 3、7、11、15、……、$4h+3$、……($h = 0,1,2,3,\cdots$)倍时,在调制后信号单个周期范围内,交流信号存在横坐标与方位角无关的极值点,并且在利于数据采集的特殊位置也存在极值点,但是此处的极值点幅值为 0,因此不能利用极值点信息建立方位测量模型。

（4）当叠加的倍频信号频率为基频信号的 1、5、9、13、……、$4h+1$、……($h = 0,1,2,3,\cdots$)倍时,在调制后信号单个周期范围内,交流信号存在横坐标与方位角无关的极值点。在利于数据采集的特殊位置也存在极值点,且此处的极值点幅值不为 0,能够利用极值点信息建立方位测量模型。

(5) 当叠加的倍频信号频率为基频信号的 1、5、9、13、…、$4h+1$、…、($h=0$，1，2，3，…) 倍时，能够建立基于极值点信息的方位测量模型，且建立的方位测量模型形式完全一样，因此，一般情况下，仅需要研究基于 1 倍频信号叠加复合调制的方位测量即可[101]。

6.2 基于倍频方波叠加复合调制的方位测量

6.2.1 方位测量原理

基于倍频方波叠加复合调制的方位测量原理如图 6.8 所示。上仪器中激光器发出的激光经过起偏器后成为线偏振光，线偏振光通过磁光调制器中磁光材料时，在倍频方波叠加复合调制信号调制产生的交变磁场作用下，发生法拉第磁致旋光效应，光波偏振面发生偏转。携带有上、下仪器间方位信息的调制后信号，穿过磁光调制器传递至下仪器，经过下仪器中检偏、聚焦、光电转换、放大等一系列处理后得到与方位角相关的电压信号，并经过一定的运算得到方位角信息。

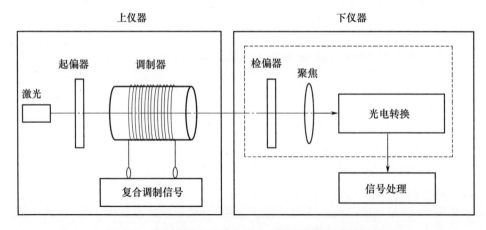

图 6.8　基于倍频方波叠加复合调制的方位测量原理图

按照叠加方式的不同，倍频方波叠加方式多种多样，本节主要研究基于同振幅、同相位、不同倍频方波信号与基频信号叠加复合调制的方位测量。设叠加前基频和倍频信号分别为

$$\begin{cases} f_1(t) = \begin{cases} 1, & t \in [0, T/2) \\ -1, & t \in [T/2, T) \end{cases} \\ f_2(t) = \begin{cases} 1, & t \in [0, T/2n) \\ -1, & t \in [T/2n, T/n) \end{cases} \end{cases} \quad (6.24)$$

106

式中:T 为方波调制信号周期;t 为时间变量;n 为倍频信号频率与基频信号频率之比。

叠加后的复合调制信号为

$$f(t) = f_1(t) + f_2(t) = \begin{cases} 2, & t \in [0, T/2n) \\ 0, & t \in [T/2n, 2T/2n) \\ 2, & t \in [2T/2n, 3T/2n) \\ 0, & t \in [3T/2n, 4T/2n) \\ \vdots & \vdots \\ 0, & t \in [(2n-4)T/2n, (2n-3)T/2n) \\ -2, & t \in [(2n-3)T/2n, (2n-2)T/2n) \\ 0, & t \in [(2n-2)T/2n, (2n-1)T/2n) \\ -2, & t \in [(2n-1)T/2n, T) \end{cases} \tag{6.25}$$

根据 n 不同,复合调制信号的表达式虽然日趋复杂,但其幅值始终为 -2、0、2 3 个数之一。设 θ 为磁光调制过程中光波偏振面的旋转角,则

$$\theta = \frac{1}{2} m_f f(t) \tag{6.26}$$

式中:m_f 为调制器的调制度,单位为 rad。

根据马吕斯定律,调制后信号经光电转换、放大处理后可得

$$u = k u_0 \sin^2(\alpha + \theta) = k u_0 \sin^2\left[\alpha + \frac{1}{2} m_f f(t)\right] \tag{6.27}$$

式中:k 为放大电路的放大倍数;$u_0 = \eta I_0$,η 为量子转换效率,I_0 为上仪器中激光器发出的激光经过起偏器后的光强;α 为上、下仪器之间的方位角。

6.2.2 构建方位测量模型的可行性分析

1. 1 倍频方波信号叠加复合调制

以 $T = 0.01\mathrm{s}$ 为例,当 $n = 1$ 时,复合调制信号如图 6.9 所示,图中各曲线分别代表基频信号、1 倍频信号、复合调制信号。

由图 6.9 可见,复合调制信号的幅值始终为 2 或者 -2,因此复合调制后信号为

$$u = \begin{cases} \dfrac{k u_0}{2} [1 - \cos(2m_f)\cos(2\alpha) + \sin(2\alpha)\sin(2m_f)], t \in [0, T/2) \\ \dfrac{k u_0}{2} [1 - \cos(2m_f)\cos(2\alpha) - \sin(2\alpha)\sin(2m_f)], t \in [T/2, T) \end{cases} \tag{6.28}$$

当方位角不变而时间变量 t 变化时,式(6.28)中仅有 $\dfrac{ku_0}{2}[1-\cos(2m_f)\cos(2\alpha)]$ 是恒定量,因此,复合调制后信号中的直流信号、交流信号分别为

$$u_d = \frac{ku_0}{2}[1-\cos(2m_f)\cos(2\alpha)] \tag{6.29}$$

$$u_a = \pm\frac{ku_0}{2}[\sin(2\alpha)\sin(2m_f)] \tag{6.30}$$

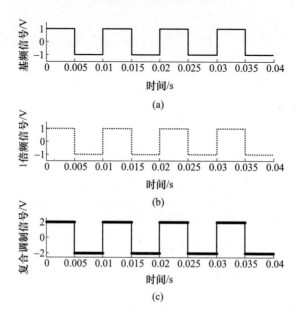

图 6.9 1 倍频方波信号叠加复合调制信号

结合复合调制信号式(6.25),得到调制后的交流信号为

$$u_a = \begin{cases} \dfrac{ku_0}{2}[\sin(2\alpha)\sin m_f], & t\in[0, T/2) \\[3mm] -\dfrac{ku_0}{2}[\sin(2\alpha)\sin m_f], & t\in[T/2, T) \end{cases} \tag{6.31}$$

根据上述分析,同等条件下,以 $m_f = 0.087\,\mathrm{rad}$,$k = 20$,$u_0 = 1\mathrm{V}$,$T = 0.01\mathrm{s}$,$\alpha = 45°$为例,1 倍频方波信号叠加复合调制与传统正弦波调制后各信号对比情况如图 6.10 所示,图 6.10 中各曲线分别代表调制后混合信号、交流信号、直流信号。

由图 6.10 可见,方波信号叠加复合调制后信号幅值均强于传统正弦波

108

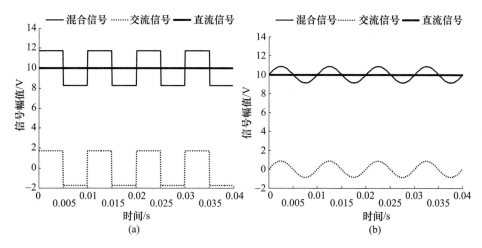

图 6.10　1 倍频方波叠加复合调制与正弦波调制后各信号对比图

(a)复合调制后信号;(b)正弦波调制后信号。

调制后相应信号幅值,尤其是交流信号幅值大约增强了 1 倍。采集复合调制后的直流信号、交流信号,并令交流信号幅值 $u_{a1} = \dfrac{ku_0}{2} \cdot \sin(2\alpha)\sin(2m_f)$,可得

$$\frac{u_d}{u_{a1}} = \frac{1 - \cos(2m_f)\cos(2\alpha)}{\sin(2m_f)\sin(2\alpha)} \tag{6.32}$$

将升幂公式 $\sin(2\alpha) = \dfrac{2\tan\alpha}{1 + \tan^2\alpha}$、$\cos(2\alpha) = \dfrac{1 - \tan^2\alpha}{1 + \tan^2\alpha}$ 代入式(6.32),可得

$$u_{a1}[1 + \cos(2m_f)]\tan^2\alpha - 2\sin(2m_f) \cdot u_d \cdot \tan\alpha + u_a[1 - \cos(2m_f)] = 0 \tag{6.33}$$

式(6.33)根的判别式为

$$\Delta = 4(u_d^2 - u_{a1}^2)[\sin(2m_f)]^2 \tag{6.34}$$

当方位角在 $-90° \sim 90°$ 范围内变化时,分析可知,$(u_d^2 - u_{a1}^2) \geqslant 0$、$[\sin(2m_f)]^2 > 0$。因此,$\Delta \geqslant 0$ 恒成立,式(6.33)始终有解,即

$$\tan\alpha = \frac{\sin(2m_f)(u_d \pm \sqrt{u_d^2 - u_{a1}^2})}{u_{a1}[1 + \cos(2m_f)]} \tag{6.35}$$

由此得到方位测量模型:

$$\alpha' = \arctan\left[\tan m_f \cdot \frac{(u_d \pm \sqrt{u_d^2 - u_{a1}^2})}{u_{a1}}\right] \tag{6.36}$$

109

在式(6.36)中,对于设计好的仪器而言,m_f 为常数,$\tan m_f$ 也是常数。在测量过程中,仅需要分别采集复合调制后信号,并代入测量模型,即可得到上、下仪器之间的方位信息。对于模型中的符号问题,可参见3.1节相关的内容。

2. 2倍频方波信号叠加复合调制

当 $n=2$ 时,复合调制信号如图6.11(a)所示,图中各曲线分别代表基频信号、2倍频信号、复合调制信号。由图6.11(a)可见,复合调制信号的幅值始终为2、0或者 -2。因此,复合调制后信号为

$$u = \begin{cases} \dfrac{ku_0}{2}\left[1 - \cos(2m_f)\cos(2\alpha) + \sin(2\alpha)\sin(2m_f)\right], & t \in [0, T/4) \\[3mm] \dfrac{ku_0}{2}\left[1 - \cos(2\alpha)\right], & t \in [T/4, 3T/4) \\[3mm] \dfrac{ku_0}{2}\left[1 - \cos(2m_f)\cos(2\alpha) - \sin(2\alpha)\sin(2m_f)\right], & t \in [3T/4, T) \end{cases}$$

$$(6.37)$$

当方位角不变而时间变量 t 变化时,式(6.37)中仅有 $\dfrac{ku_0}{2}$ 是恒定量,因此复合调制后的直流信号为

$$u_d = \frac{ku_0}{2} \tag{6.38}$$

交流信号为

$$u_a = \begin{cases} -\dfrac{ku_0}{2}\left[\cos(2m_f)\cos(2\alpha) - \sin(2\alpha)\sin(2m_f)\right], & t \in [0, T/4) \\[3mm] -\dfrac{ku_0}{2}\left[\cos(2\alpha)\right], & t \in [T/4, 3T/4) \\[3mm] -\dfrac{ku_0}{2}\left[\cos(2m_f)\cos(2\alpha) + \sin(2\alpha)\sin(2m_f)\right], & t \in [3T/4, T) \end{cases}$$

$$(6.39)$$

根据上述分析,同等条件下,以 $m_f = 0.087\,\text{rad}$, $k = 20$, $u_0 = 1\,\text{V}$, $T = 0.01\,\text{s}$, $\alpha = 45°$为例,2倍频方波信号叠加复合调制后信号如图6.11(b)所示,图6.11(b)中各曲线分别代表调制后混合信号、交流信号、直流信号。

由图6.10(b)、图6.11(b)中调制后信号对比可见,复合调制后信号幅值均强于传统正弦波调制后相应信号幅值,尤其是交流信号幅值大约增强了1倍。调制后信号中的交流信号分别为

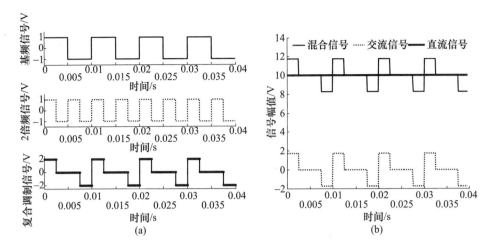

图 6.11　2 倍频方波叠加复合调制信号与调制后信号图

(a)2 倍频信号叠加复合调制信号；(b)复合调制后信号。

$$u_{a1} = -\frac{ku_0}{2}\big[\cos(2m_f)\cos(2\alpha) - \sin(2\alpha)\sin(2m_f)\big] \qquad (6.40)$$

$$u_{a2} = -\frac{ku_0}{2}\big[\cos(2m_f)\cos(2\alpha) + \sin(2\alpha)\sin(2m_f)\big] \qquad (6.41)$$

$$u_{a1} + u_{a2} = -ku_0 \cdot \cos(2m_f)\cos(2\alpha) \qquad (6.42)$$

$$u_{a2} - u_{a1} = -ku_0 \cdot \sin(2m_f)\sin(2\alpha) \qquad (6.43)$$

$$\frac{u_{a2} - u_{a1}}{u_{a1} + u_{a2}} = \tan(2m_f)\tan(2\alpha) \qquad (6.44)$$

由此得到方位测量模型为

$$\alpha = \frac{1}{2}\arctan\left[\frac{u_{a2} - u_{a1}}{u_{a1} + u_{a2}} \cdot \cot(2m_f)\right] \qquad (6.45)$$

在式(6.45)中，$\tan m_f$ 是常数。在测量过程中，仅需要采集复合调制后的交流信号信息，并代入测量模型式(6.45)，即可得到上、下仪器之间的方位信息。

3. 3 倍频方波信号叠加复合调制

当 $n = 3$ 时，复合调制信号如图 6.12(a)所示，图中各曲线分别代表基频信号、3 倍频信号、复合调制信号。

由图 6.12(a)可见，复合调制信号的幅值同样始终为 2、0 或者 -2，因此复合调制后的信号为

111

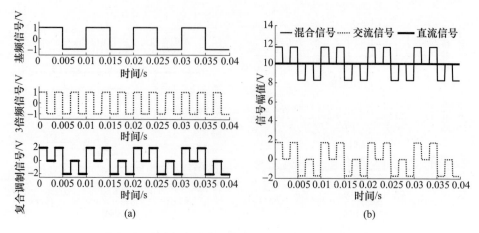

图 6.12　3 倍频方波叠加复合调制信号与调制后信号图

(a)3 倍频方波信号叠加复合调制信号；(b)复合调制后信号。

$$u = \begin{cases} \dfrac{ku_0}{2}\left[1 - \cos(2m_f)\cos(2\alpha) + \sin(2\alpha)\sin(2m_f)\right], t \in [0, T/6) \cup [T/3, T/2) \\[2mm] \dfrac{ku_0}{2}\left[1 - \cos(2\alpha)\right], t \in [T/6, T/3) \cup [2T/3, 5T/6) \\[2mm] \dfrac{ku_0}{2}\left[1 - \cos(2m_f)\cos(2\alpha) - \sin(2\alpha)\sin(2m_f)\right], t \in [T/2, 2T/3) \cup [5T/6, T) \end{cases} \quad (6.46)$$

　　根据上述分析,同等条件下,以 $m_f = 0.087\,\mathrm{rad}$, $k = 20$, $u_0 = 1\mathrm{V}$, $T = 0.01\mathrm{s}$, $\alpha = 45°$ 为例,3 倍频信号叠加复合调制后信号如图 6.12(b)所示,图 6.12(b)中各曲线分别代表复合调制后的混合信号、交流信号、直流信号。

　　3 倍频方波信号叠加复合调制后信号(式(6.46))与 2 倍频方波信号叠加复合调制后信号(式(6.37))对比,以及图 6.12(b)与图 6.11(b)对比,均表明复合调制后信号幅值完全相同,仅仅是同一幅值对应的定义域不同而已。采用与 6.2.2 节相同的方法,能够得到相同的方位测量模型式(6.45)。

4. 4 倍频以及更高倍频方波信号叠加复合调制

　　由 2 倍频信号叠加复合调制与 3 倍频信号叠加复合调制对比可见,二者几乎完全相同,仅仅是调制后同一信号幅值对应的定义域不同,这是由所叠加的倍频信号频率倍数 n 引起的。调制后的交流信号采集与定义域无关,因此在建立方位测量模型时二者完全相同。下面分析 4 倍频以及更高倍频信号叠加复合调制时,在建立方位测量模型方面是否存在相同的规律。

　　以 $m_f = 0.087\,\mathrm{rad}$, $k = 20$, $u_0 = 1\mathrm{V}$, $T = 0.01\mathrm{s}$, $\alpha = 45°$ 为例,4 倍频、5 倍频、6 倍频信号叠加复合调制信号以及调制后信号分别如图 6.13 ~ 图 6.15 所示。

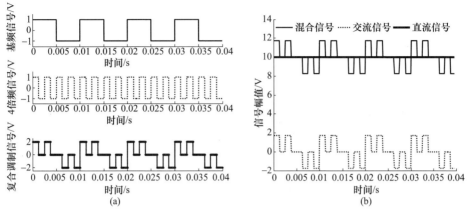

图 6.13　4 倍频方波叠加复合调制信号与调制后信号图

(a)4 倍频信号叠加复合调制信号；(b)复合调制后信号。

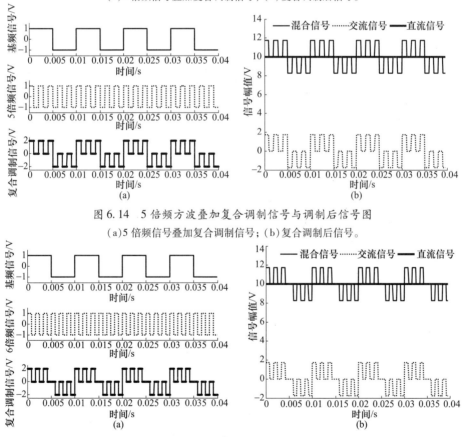

图 6.14　5 倍频方波叠加复合调制信号与调制后信号图

(a)5 倍频信号叠加复合调制信号；(b)复合调制后信号。

图 6.15　6 倍频方波叠加复合调制信号与调制后信号图

(a)6 倍频信号叠加复合调制信号；(b)复合调制后信号。

由图 6.11~图 6.15 对比可见,在 2、3、4、5、6 倍频信号分别与基频信号叠加复合调制中,调制信号幅值始终为 2、0 或者 -2,调制后信号幅值始终为 $\frac{ku_0}{2}[1 - \cos(2m_f)\cos(2\alpha) + \sin(2\alpha)\sin(2m_f)]$、$\frac{ku_0}{2}[1 - \cos(2m_f)\cos(2\alpha) - \sin(2\alpha)\sin(2m_f)]$、$\frac{ku_0}{2}[1 - \cos(2\alpha)]$ 三者之一,因此,采用与 6.2.2 节相同的方法,能够得到相同的方位测量模型式(6.45)。

6.2.3 基于倍频方波叠加复合调制的方位测量规律

由上述分析可见,基于倍频方波信号与基频信号叠加复合调制的方位测量模型存在以下规律。

(1) 不同倍频方波信号叠加在基频信号上复合调制时,调制后的信号中均包含直流信号和交流信号,且交流信号中存在不同的极值。

(2) 不同倍频方波信号叠加在基频信号上复合调制时,均能够利用调制后交流信号建立方位测量模型,且交流信号幅值明显强于传统方法中交流信号幅值,利于提高数据采集精度和方位测量精度。

(3) 2 倍频、3 倍频以及更高倍频方波信号分别与基频信号叠加复合调制时,建立的方位测量模型形式相同,因此仅需要研究基于 2 倍频信号叠加复合调制的方位测量即可。

(4) 1 倍频方波信号叠加复合调制时,建立的方位测量模型与其他情况下不同,需要单独研究。

6.3 基于倍频三角波叠加复合调制的方位测量

6.3.1 方位测量原理

基于倍频三角波叠加复合调制的方位测量系统原理如图 6.16 所示。上仪器中激光器发出的激光经过起偏器后成为线偏振光,线偏振光通过磁光调制器中磁光材料时,在倍频三角波叠加复合调制信号调制产生的交变磁场作用下,发生法拉第旋光效应,并穿过磁光调制器后传递至下仪器。下仪器接收到调制后的信号,经过检偏、聚焦、光电转换、放大等一系列处理后得到与方位角相关的信号。同时,上仪器调制信号中的倍频三角波信号传递到下仪器,与下仪器中的取样积分电路配合采集处理后的电压信号,并经过一定运算处理得到方

114

位角信息。

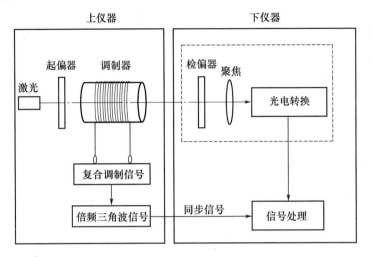

图 6.16　基于倍频三角波叠加复合调制的方位测量系统原理图

由于倍频三角波按照叠加方式的不同分为多种类型,仅以同振幅、同相位、不同倍频的信号叠加到基频三角波信号为例进行研究,设叠加前基频和倍频信号分别为

$$
\begin{cases}
f_1(t) = \begin{cases}
\dfrac{4}{T}t, & t \in (0, T/4] \\[2mm]
-\dfrac{4}{T}t + 2, & t \in (T/4, 3T/4] \\[2mm]
\dfrac{4}{T}t - 4, & t \in (3T/4, T]
\end{cases} \\[10mm]
f_2(t) = \begin{cases}
\dfrac{4n}{T}t, & t \in (0, T/4n] \\[2mm]
-\dfrac{4n}{T}t + 2, & t \in (T/4n, 3T/4n] \\[2mm]
\dfrac{4n}{T}t - 4, & t \in (3T/4n, T/n]
\end{cases}
\end{cases}
\tag{6.47}
$$

式中:T 为三角波调制信号的周期;t 为时间变化量;n 为叠加的倍频信号为基频信号的频率倍数。叠加后的复合调制信号为

$$
f(t) = f_1(t) + f_2(t) \tag{6.48}
$$

根据 n 的不同,复合调制信号的表达式日趋复杂,很难用统一的公式表达。

设 θ 为磁光调制过程中光波偏振面的旋转角,则

$$\theta = \frac{1}{2}m_f f(t) \tag{6.49}$$

式中: m_f 为调制器的调制度,单位为 rad,一般是一个常数。

根据马吕斯定律得到下仪器接收的信号,经光电转换、放大处理后,可得

$$u = ku_0 \sin^2(\alpha + \theta) = ku_0 \sin^2\left[\alpha + \frac{1}{2}m_f f(t)\right] \tag{6.50}$$

式中: k 为放大电路的放大倍数; $u_0 = \eta \cdot I_0$, η 为量子转换效率, I_0 为上仪器中激光器发出的激光经过起偏器后的光强; α 为上、下仪器之间的方位角。

将式(6.50)展开得到

$$u = ku_0\left\{\sin^2\alpha + \cos(2\alpha)\sin^2\left[\frac{1}{2}m_f f(t)\right] + \frac{1}{2}\sin(2\alpha)\sin[m_f f(t)]\right\} \tag{6.51}$$

由于复合调制信号 $f(t)$ 为分段函数,且根据 n 的不同所分段数也各异,为公式推导方便,暂时假设 $f(t) = et + m$,其中 e 为 $f(t)$ 的斜率, $m = \cdots, -2, -1, 0, 1, 2, \cdots$,此时,有

$$\sin\left[\frac{1}{2}m_f f(t)\right] = \sin\left(\frac{e}{2}m_f t\right)\cos\left(\frac{m}{2}m_f\right) + \cos\left(\frac{e}{2}m_f t\right)\sin\left(\frac{m}{2}m_f\right) \tag{6.52}$$

$$\cos\left[\frac{1}{2}m_f f(t)\right] = \cos\left(\frac{e}{2}m_f t\right)\cos\left(\frac{m}{2}m_f\right) - \sin\left(\frac{e}{2}m_f t\right)\sin\left(\frac{m}{2}m_f\right) \tag{6.53}$$

从 $\sin\left[\frac{1}{2}m_f f(t)\right]$、$\cos\left[\frac{1}{2}m_f f(t)\right]$ 的展开式可见, $\sin\left(\frac{e}{2}m_f t\right)$ 中一定不含有常数项。只有在个别偶然情况下,仪器调制度 m_f、调制信号周期 T 等组成的系数 $\frac{e}{2}m_f$ 才为偶数,绝大部分情况下其为非偶数。因此, $\cos\left(\frac{e}{2}m_f t\right)$ 在绝大部分情况下不含有常数项,且在同一周期内 m 也存在一定的变化,所以一般情况下 $\sin\left[\frac{1}{2}m_f f(t)\right]$、$\cos\left[\frac{1}{2}m_f f(t)\right]$ 均为 t 的函数且不含有常数项。当方位角 α 不变而 t 变化时, u 中仅有 $ku_0 \sin^2\alpha$ 是恒量信号,调制后混合信号中的直流信号为

$$u_d = ku_0 \sin^2\alpha \tag{6.54}$$

交流信号为

$$u_a = u - u_d = ku_0 \sin^2\left[\alpha + \frac{1}{2}m_f \cdot f(t)\right] - ku_0 \sin^2\alpha \tag{6.55}$$

116

经过对 $f(t)$ 分析,在单个周期范围内,除了 $t=\dfrac{2f-1}{4n}T\left(f=1,2,\cdots,\dfrac{4n+1}{2}\right)$ 处外, $f(t)$ 均连续可导,且存在导数 $f'(t)\neq0$ 恒成立。交流信号(式(6.55))对 t 求导数,可得

$$\frac{\mathrm{d}u_a}{\mathrm{d}(t)}=\frac{ku_0}{2}\cdot m_f\cdot\sin\left[2\alpha+m_ff(t)\right]f'(t)=0 \tag{6.56}$$

式(6.56)中 $\sin\left[2\alpha+m_ff(t)\right]=0$ 成立时,交流信号中存在极值点,但是这些极值点的横坐标与方位角 α 相关,当方位角变化时,极值点左右移动,不利于数据采集。

6.3.2　构建方位测量模型的可行性分析

1.　1 倍频三角波信号叠加复合调制

当 $n=1$ 时,以 $m_f=0.087\mathrm{rad}$, $k=20$, $u_0=1\mathrm{V}$, $T=0.01\mathrm{s}$ 为例,复合调制信号如图 6.17(a)所示,图中各曲线分别表示基频信号、1 倍频信号和复合调制信号。复合调制后信号如图 6.17(b)所示,图中各曲线分别表示方位角为 1°、5°、10°时调制后的交流信号。

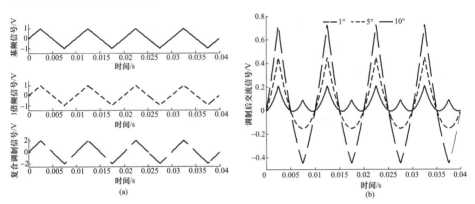

图 6.17　1 倍频信号叠加复合调制信号与调制后的交流信号图

(a)1 倍频信号叠加复合调制信号;(b)1 倍频信号叠加复合调制后的交流信号。

在单个周期范围内,连续不可导点处的值分别为

$$u_{a11}=u_a\big|_{t=\frac{T}{4}}=\frac{ku_0}{2}(\cos2\alpha-\cos2\alpha\cos2m_f+\sin2\alpha\sin2m_f) \tag{6.57}$$

$$u_{a12}=u_a\big|_{t=\frac{3T}{4}}=\frac{ku_0}{2}(\cos(2\alpha)-\cos(2\alpha)\cos(2m_f)-\sin(2\alpha)\sin(2m_f)) \tag{6.58}$$

采集 u_{a11}、u_{a12}，得到

$$u_{a11} + u_{a12} = ku_0\cos(2\alpha)(1 - \cos(2m_f)) \tag{6.59}$$

$$u_{a11} - u_{a12} = ku_0\sin(2\alpha)\sin(2m_f) \tag{6.60}$$

为了消除 k、u_0 的影响，令 $(u_{a11} - u_{a12})/(u_{a11} + u_{a12})$，可得

$$\frac{u_{a11} - u_{a12}}{u_{a11} + u_{a12}} = \cot m_f\tan(2\alpha) \tag{6.61}$$

由此得到方位角测量模型：

$$\alpha = \frac{1}{2}\arctan\left(\tan m_f \frac{u_{a11} - u_{a12}}{u_{a11} + u_{a12}}\right) \tag{6.62}$$

在此模型中，对于设计好的仪器而言，m_f 为常数，$\tan m_f$ 也是常数，在测量过程中只需要分别采集极值点信息，并代入测量模型即可得到上下仪器之间的方位信息。

2. 2 倍频三角波信号叠加复合调制

当 $n = 2$ 时，以 $m_f = 0.087\mathrm{rad}$，$k = 20$，$u_0 = 1\mathrm{V}$，$T = 0.01\mathrm{s}$ 为例，复合调制信号如图 6.18(a)所示，图中各曲线分别表示基频信号、2 倍频信号和复合调制信号。复合调制后的交流信号如图 6.18(b)所示，图中各曲线分别表示方位角为 1°、5°、10°时调制后的交流信号。

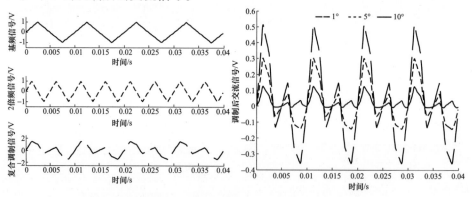

图 6.18　2 倍频信号叠加复合调制信号与调制后的交流信号图
(a)2 倍频信号叠加复合调制信号；(b)2 倍频信号叠加复合调制后的交流信号。

在单个周期范围内，连续不可导点处的值分别为

$$u_{a21} = u_a\mid_{t = \frac{T}{8}} = \frac{ku_0}{2}\left(\cos(2\alpha) - \cos(2\alpha)\cos\frac{3m_f}{2} + \sin(2\alpha)\sin\frac{3m_f}{2}\right) \tag{6.63}$$

$$u_{a22} = u_a\mid_{t = \frac{3T}{8}} = \frac{ku_0}{2}\left(\cos(2\alpha) - \cos(2\alpha)\cos\frac{m_f}{2} - \sin(2\alpha)\sin\frac{m_f}{2}\right) \tag{6.64}$$

118

$$u_{a23} = u_a \mid_{t=\frac{5T}{8}} = \frac{ku_0}{2} \left(\cos(2\alpha) - \cos(2\alpha)\cos\frac{m_f}{2} + \sin(2\alpha)\sin\frac{m_f}{2} \right) \quad (6.65)$$

$$u_{a24} = u_a \mid_{t=\frac{7T}{8}} = \frac{ku_0}{2} \left(\cos(2\alpha) - \cos(2\alpha)\cos\frac{3m_f}{2} - \sin(2\alpha)\sin\frac{3m_f}{2} \right) \quad (6.66)$$

采集 u_{a21}、u_{a22}、u_{a23}、u_{a24},并将 u_{a21}、u_{a24} 和 u_{a22}、u_{a23} 两两组合,采用与 6.3.2 节相同的方法,得到方位测量模型为

$$\alpha = \frac{1}{2}\arctan\left(\tan\frac{3m_f}{4} \frac{u_{a21} - u_{a24}}{u_{a21} + u_{a24}} \right) \quad (6.67)$$

$$\alpha = \frac{1}{2}\arctan\left(\tan\frac{m_f}{4} \frac{u_{a23} - u_{a22}}{u_{a23} + u_{a22}} \right) \quad (6.68)$$

在式(6.67)和式(6.68)中,$\tan\dfrac{3m_f}{4}$、$\tan\dfrac{m_f}{4}$ 是常数,在测量过程中只需要分别采集极值点信息,并代入测量模型即可得到上、下仪器之间的方位信息。

3. 3 倍频三角波信号叠加复合调制

当 $n=3$ 时,以 $m_f = 0.087\text{rad}$,$k=20$,$u_0 = 1\text{V}$,$T = 0.01\text{s}$ 为例,复合调制信号如图 6.19(a)所示,图中各曲线分别表示基频信号、3 倍频信号和复合调制信号。复合调制后的交流信号如图 6.19(b)所示,图中各曲线分别表示方位角为 $1°$、$5°$、$10°$ 时调制后的交流信号。

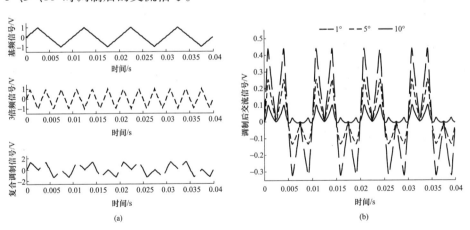

图 6.19　3 倍频信号叠加复合调制信号与调制后的交流信号图

(a)3 倍频信号叠加复合调制信号;(b)3 倍频信号叠加复合调制后的交流信号。

在单个周期范围内,连续不可导点处的值分别为

$$u_{a31} = u_a \mid_{t=\frac{T}{12}} = u_a \mid_{t=\frac{5T}{12}} = \frac{ku_0}{2}\left(\cos(2\alpha) - \cos(2\alpha)\cos\frac{4m_f}{3} + \sin(2\alpha)\sin\frac{4m_f}{3}\right)$$
(6.69)

$$u_{a32} = u_a \mid_{t=\frac{3T}{12}} = u_a \mid_{t=\frac{9T}{12}} = 0 \tag{6.70}$$

$$u_{a33} = u_a \mid_{t=\frac{7T}{12}} = u_a \mid_{t=\frac{11T}{12}} = \frac{ku_0}{2}\left(\cos(2\alpha) - \cos(2\alpha)\cos\frac{4m_f}{3} - \sin(2\alpha)\sin\frac{4m_f}{3}\right)$$
(6.71)

采集 u_{a31}、u_{a33},采用与6.3.2节相同的方法,得到方位测量模型为

$$\alpha = \frac{1}{2}\arctan\left(\tan\frac{2m_f}{3} \cdot \frac{u_{a31} - u_{a33}}{u_{a31} + u_{a33}}\right) \tag{6.72}$$

在式(6.72)中,$\tan\dfrac{2m_f}{3}$是常数,在测量过程中只需要分别采集极值点信息,并代入测量模型即可得到上、下仪器之间的方位信息。

4. 4 倍频三角波信号叠加复合调制

当 $n=4$ 时,以 $m_f = 0.087\text{rad}$,$k=20$,$u_0=1\text{V}$,$T=0.01\text{s}$ 为例,复合调制信号如图6.20(a)所示,图中各曲线分别表示基频信号、4倍频信号和复合调制信号。复合调制后信号如图6.20(b)所示,图中各曲线分别表示方位角为1°、5°、10°时调制后的交流信号。

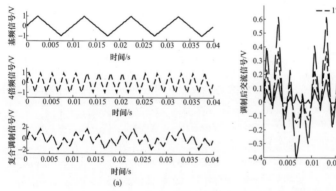
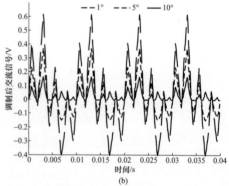

图6.20　4倍频信号叠加复合调制信号与调制后的交流信号图

(a)4倍频信号叠加复合调制信号;(b)4倍频信号叠加复合调制后的交流信号。

在单个周期范围内,连续不可导点处的值分别为

$$u_{a41} = u_a \mid_{t=\frac{T}{16}} = \frac{ku_0}{2}\left(\cos(2\alpha) - \cos(2\alpha)\cos\frac{5m_f}{4} + \sin(2\alpha)\sin\frac{5m_f}{4}\right) \tag{6.73}$$

$$u_{a42} = u_a \big|_{t=\frac{3T}{16}} = \frac{ku_0}{2}\left(\cos(2\alpha) - \cos(2\alpha)\cos\frac{m_f}{4} - \sin(2\alpha)\sin\frac{m_f}{4}\right) \quad (6.74)$$

$$u_{a43} = u_a \big|_{t=\frac{5T}{16}} = \frac{ku_0}{2}\left(\cos(2\alpha) - \cos(2\alpha)\cos\frac{7m_f}{4} + \sin(2\alpha)\sin\frac{7m_f}{4}\right) \quad (6.75)$$

$$u_{a44} = u_a \big|_{t=\frac{7T}{16}} = \frac{ku_0}{2}\left(\cos(2\alpha) - \cos(2\alpha)\cos\frac{3m_f}{4} - \sin(2\alpha)\sin\frac{3m_f}{4}\right) \quad (6.76)$$

$$u_{a45} = u_a \big|_{t=\frac{9T}{16}} = \frac{ku_0}{2}\left(\cos(2\alpha) - \cos(2\alpha)\cos\frac{3m_f}{4} + \sin(2\alpha)\sin\frac{3m_f}{4}\right) \quad (6.77)$$

$$u_{a46} = u_a \big|_{t=\frac{11T}{16}} = \frac{ku_0}{2}\left(\cos(2\alpha) - \cos(2\alpha)\cos\frac{7m_f}{4} - \sin(2\alpha)\sin\frac{7m_f}{4}\right) \quad (6.78)$$

$$u_{a47} = u_a \big|_{t=\frac{13T}{16}} = \frac{ku_0}{2}\left(\cos(2\alpha) - \cos(2\alpha)\cos\frac{m_f}{4} + \sin(2\alpha)\sin\frac{m_f}{4}\right) \quad (6.79)$$

$$u_{a48} = u_a \big|_{t=\frac{15T}{16}} = \frac{ku_0}{2}\left(\cos(2\alpha) - \cos(2\alpha)\cos\frac{5m_f}{4} - \sin(2\alpha)\sin\frac{5m_f}{4}\right) \quad (6.80)$$

采集 u_{a41}、u_{a42}、u_{a43}、u_{a44}、u_{a45}、u_{a46}、u_{a47}、u_{a48}，并将 u_{a41} 与 u_{a48}，u_{a42} 与 u_{a47}，u_{a43} 与 u_{a46}，u_{a44}、u_{a45} 两两组合，采用与 6.3.2 节相同的方法，分别得到方位测量模型为

$$\alpha = \frac{1}{2}\arctan\left(\tan\frac{5m_f}{8}\frac{u_{a41} - u_{a48}}{u_{a41} + u_{a48}}\right) \quad (6.81)$$

$$\alpha = \frac{1}{2}\arctan\left(\tan\frac{m_f}{8}\frac{u_{a47} - u_{a42}}{u_{a47} + u_{a42}}\right) \quad (6.82)$$

$$\alpha = \frac{1}{2}\arctan\left(\tan\frac{7m_f}{8}\frac{u_{a43} - u_{a46}}{u_{a43} + u_{a46}}\right) \quad (6.83)$$

$$\alpha = \frac{1}{2}\arctan\left(\tan\frac{3m_f}{8}\frac{u_{a45} - u_{a44}}{u_{a45} + u_{a44}}\right) \quad (6.84)$$

在式(6.81)~式(6.84)中，$\tan\frac{m_f}{8}$、$\tan\frac{3m_f}{8}$、$\tan\frac{5m_f}{8}$、$\tan\frac{7m_f}{8}$ 是常数，在测量过程中只需要分别采集极值点信息，并代入测量模型即可得到上下仪器之间的方位信息。

5.5 倍频三角波信号叠加复合调制

当 $n=5$ 时，以 $m_f = 0.087\,\text{rad}$，$k = 20$，$u_0 = 1\,\text{V}$，$T = 0.01\,\text{s}$ 为例，复合调制信号如图 6.21(a)所示，图中各曲线分别表示基频信号、5 倍频信号和复合调制信号。复合调制后的交流信号如图 6.21(b)所示，图中各曲线分别表示方位角为 1°、5°、10°时调制后的交流信号。

在单个周期范围内,连续不可导点处的值分别为

$$u_{a51} = u_a \mid_{t=\frac{T}{20}} = u_a \mid_{t=\frac{9T}{20}} = \frac{ku_0}{2}\left(\cos(2\alpha) - \cos(2\alpha)\cos\frac{6m_f}{5} + \sin(2\alpha)\sin\frac{6m_f}{5}\right)$$

$$(6.85)$$

$$u_{a52} = u_a \mid_{t=\frac{3T}{20}} = u_a \mid_{t=\frac{7T}{20}} = \frac{ku_0}{2}\left(\cos(2\alpha) - \cos(2\alpha)\cos\frac{2m_f}{5} - \sin(2\alpha)\sin\frac{2m_f}{5}\right)$$

$$(6.86)$$

$$u_{a53} = u_a \mid_{t=\frac{5T}{20}} = \frac{ku_0}{2}\left(\cos(2\alpha) - \cos(2\alpha)\cos 2m_f + \sin(2\alpha)\sin 2m_f\right) \qquad (6.87)$$

$$u_{a54} = u_a \mid_{t=\frac{11T}{20}} = u_a \mid_{t=\frac{19T}{20}} = \frac{ku_0}{2}\left(\cos(2\alpha) - \cos(2\alpha)\cos\frac{6m_f}{5} - \sin(2\alpha)\sin\frac{6m_f}{5}\right)$$

$$(6.88)$$

$$u_{a55} = u_a \mid_{t=\frac{13T}{20}} = u_a \mid_{t=\frac{17T}{20}} = \frac{ku_0}{2}\left(\cos(2\alpha) - \cos(2\alpha)\cos\frac{2m_f}{5} + \sin(2\alpha)\sin\frac{2m_f}{5}\right)$$

$$(6.89)$$

$$u_{a56} = u_a \mid_{t=\frac{15T}{20}} = \frac{ku_0}{2}\left(\cos(2\alpha) - \cos(2\alpha)\cos 2m_f - \sin(2\alpha)\sin 2m_f\right) \qquad (6.90)$$

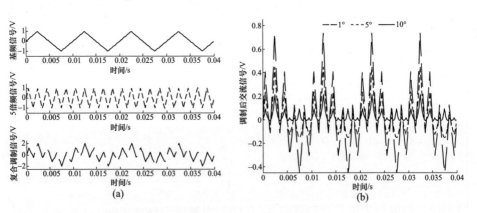

图 6.21　5 倍频信号叠加复合调制信号与调制后的交流信号图

(a)5 倍频信号叠加复合调制信号; (b)5 倍频信号复合调制后的交流信号。

采集 u_{a51}、u_{a52}、u_{a53}、u_{a54}、u_{a55}、u_{a56},并将 u_{a51}、u_{a54},u_{a52}、u_{a55},u_{a53}、u_{a56} 两两组合,采用与 6.3.2 节相同的方法,分别得到方位测量模型为

$$\alpha = \frac{1}{2}\arctan\left(\tan\frac{3m_f}{5}\frac{u_{a51} - u_{a54}}{u_{a51} + u_{a54}}\right) \qquad (6.91)$$

$$\alpha = \frac{1}{2}\arctan\left(\tan\frac{m_f}{5} \frac{u_{a55} - u_{a52}}{u_{a55} + u_{a52}}\right) \qquad (6.92)$$

$$\alpha = \frac{1}{2}\arctan\left(\tan m_f \frac{u_{a53} - u_{a56}}{u_{a53} + u_{a56}}\right) \qquad (6.93)$$

在式(6.91)~式(6.93)中，$\tan\frac{m_f}{5}$、$\tan\frac{3m_f}{5}$、$\tan m_f$ 是常数，在测量过程中只需要分别采集极值点信息，并代入测量模型即可得到上下仪器之间的方位角。

6.3.3 基于倍频三角波叠加复合调制的方位测量规律

由上述分析可见，将不同倍频三角波信号叠加在基频信号上组成的复合调制信号调制时，方位测量模型的建立存在以下规律。

（1）无论倍频信号 n 为何值，复合调制后的信号均包含直流信号和交流信号，且交流信号在单个周期范围内在 $t = \frac{2f-1}{4n}T\left(f = 1, 2, \cdots, \frac{4n+1}{2}\right)$ 处均存在极值点，共计 $2n$ 个极值点；均可以建立基于这些极值点的方位测量模型，且测量模型都为 $\alpha = \frac{1}{2}\arctan\left[\tan(h \cdot m_f)\frac{u_{aj} - u_{ai}}{u_{aj} + u_{ai}}\right]$ 模式，其中 h 是与 n 相关的系数，u_{aj}、u_{ai} 分别表示交流信号中相对应的极值点信号幅值。

（2）当倍频信号 n 为奇数时，模型中的常数项 $\tan(h \cdot m_f)$ 与 n 的对应关系如表6.1所列。

表6.1 倍频三角波叠加复合调制 n 为奇数时模型关系分析表

n	调制信号极值点个数 $2n$	模型中常数项 $\tan(h \cdot m_f)$	简化前 $\frac{n+1}{2n}$	简化后 $\frac{(n+1)/2}{n}$	简化后 $\frac{(n+1)/2}{n}$扩充
1	2	$\tan m_f$	$\frac{2}{2}$	1	1
3	6	$\tan\frac{2m_f}{3}$	$\frac{4}{6}$	$\frac{2}{3}$	$\frac{2}{3}$
5	10	$\tan\frac{m_f}{5}$、$\tan\frac{3m_f}{5}$、$\tan m_f$	$\frac{6}{10}$	$\frac{3}{5}$	$\frac{1}{5}$、$\frac{3}{5}$、$\frac{5}{5}$
7	14	$\tan\frac{2m_f}{7}$、$\tan\frac{4m_f}{7}$、$\tan\frac{6m_f}{7}$	$\frac{8}{14}$	$\frac{4}{7}$	$\frac{2}{7}$、$\frac{4}{7}$、$\frac{6}{7}$
n	$2n$	...	$\frac{n+1}{2n}$	$\frac{(n+1)/2}{n}$	$\frac{(n+1)/2 + 2d}{n}$（d 为整数且 $\in \left(-\frac{n+1}{4}, \frac{n-1}{4}\right)$）

根据表6.1并结合前面分析可得：当倍频信号 n 为奇数时，$\frac{n+1}{2n}$ 可以简化表明

$2n$ 个极值点中部分幅值相同,$\dfrac{n+1}{2n}$ 简化后得到的 $\dfrac{(n+1)/2}{n}$ 与模型常数项 $\tan(h\cdot m_f)$ 中的 h 相关,关系式为 $h=\dfrac{(n+1)/2+2d}{n}$,其中 d 为整数且 $\in\left(-\dfrac{n+1}{4},\dfrac{n-1}{4}\right)$。

（3）当倍频信号 n 为偶数时,模型中的常数项 $\tan(h\cdot m_f)$ 与 n 的对应关系如表 6.2 所列。

表 6.2　倍频三角波叠加复合调制 n 为偶数时模型关系分析表

n	调制信号极值点个数 $2n$	模型中常数项 $\tan(h\cdot m_f)$	$\dfrac{n+1}{2n}$	$\dfrac{n+1}{2n}$ 扩充
2	4	$\tan\dfrac{m_f}{4}$、$\tan\dfrac{3m_f}{4}$	$\dfrac{3}{4}$	$\dfrac{1}{4}$、$\dfrac{3}{4}$
4	8	$\tan\dfrac{m_f}{8}$、$\tan\dfrac{3m_f}{8}$ $\tan\dfrac{5m_f}{8}$、$\tan\dfrac{7m_f}{8}$	$\dfrac{5}{8}$	$\dfrac{1}{8}$、$\dfrac{3}{8}$、$\dfrac{5}{8}$、$\dfrac{7}{8}$
6	12	$\tan\dfrac{m_f}{12}$、$\tan\dfrac{3m_f}{12}$、$\tan\dfrac{5m_f}{12}$、 $\tan\dfrac{7m_f}{12}$、$\tan\dfrac{9m_f}{12}$、$\tan\dfrac{11m_f}{12}$	$\dfrac{7}{12}$	$\dfrac{1}{12}$、$\dfrac{3}{12}$、$\dfrac{5}{12}$、$\dfrac{7}{12}$、$\dfrac{9}{12}$、$\dfrac{11}{12}$
n	$2n$	...	$\dfrac{n+1}{2n}$	$\dfrac{(n+1)/2+2d}{n}$ $\left(d\text{ 为整数}\right.$ 且 $\left.\in\left(\dfrac{-n-1}{2},\dfrac{n-1}{2}\right)\right)$

根据表 6.2 并结合前面分析可得:当倍频信号 n 为偶数时,$\dfrac{n+1}{2n}$ 不能简化表明 $2n$ 个极值点中幅值均不相同,$\dfrac{n+1}{2n}$ 与模型常数项 $\tan(h\cdot m_f)$ 中的 h 相关,关系式为 $h=\dfrac{(n+1)/2+2d}{n}$,其中 d 为整数且 $\in\left(\dfrac{-n-1}{2},\dfrac{n-1}{2}\right)$。

第7章 基于异类同频信号叠加复合调制的方位测量

本章在第6章研究同类、倍频、同相位正弦波、方波、三角波分别与自身基频信号叠加复合调制在方位测量中的应用基础上,重点分析了异类、同频、同相位信号叠加复合调制在方位测量中的应用。针对同频、同相位正弦波与三角波叠加、正弦波与方波叠加、方波与三角波叠加复合调制,分别建立了复合调制信号、调制后信号模型,通过对调制后信号成分分析,分别讨论了利用调制后信号与方位角的关系建立方位测量模型的可行性。

7.1 基于同频正弦波三角波叠加复合调制的方位测量

7.1.1 方位测量原理

图7.1为基于同频正弦波三角波叠加复合调制的方位测量系统原理图。上仪器中激光器发出的激光经过起偏器成为线偏振光,当它通过调制器中磁致旋光玻璃时,在复合调制信号产生的同频交变磁场作用下,产生法拉第旋光效应,实现了偏振光信号调制。调制后的偏振光进入下仪器,经过检偏、聚焦、光电转换等处理,信号检测与处理系统结合上仪器传递下来的同步正弦波调制信号,对光电转换后的信号进行检测处理、提取出与方位角相关的电压信号,并经过一定的算法处理,得到上、下仪器之间的方位角。

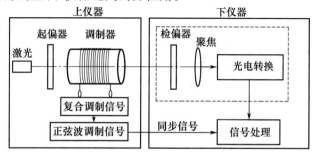

图7.1 基于同频正弦波三角波叠加复合调制的方位测量系统原理图

按照信号类型、信号频率、振幅、相位的不同,不同信号叠加复合调制的方式多种多样,本节重点研究同频率、同振幅、同相位的正弦波与三角波调制信号叠加复合调制的情况。设复合调制前正弦波调制信号 $f_1(t)$ 和三角波调制信号 $f_2(t)$ 分别为

$$
\begin{cases}
f_1(t) = \sin(\omega t) \\[4pt]
f_2(t) = \begin{cases}
\dfrac{4}{T}t, & t \in [0, T/4] \\[6pt]
-\dfrac{4}{T}t + 2, & t \in [T/4, 3T/4] \\[6pt]
\dfrac{4}{T}t - 4, & t \in [3T/4, T]
\end{cases}
\end{cases}
\tag{7.1}
$$

式中:ω 为正弦波调制信号的角频率;T 为调制信号的周期;t 为时间变化量。

复合调制信号为

$$
f(t) = f_1(t) + f_2(t) = \sin(\omega t) +
\begin{cases}
\dfrac{4}{T}t, & t \in [0, T/4] \\[6pt]
-\dfrac{4}{T}t + 2, & t \in [T/4, 3T/4] \\[6pt]
\dfrac{4}{T}t - 4, & t \in [3T/4, T]
\end{cases}
\tag{7.2}
$$

以 $T = 0.01\text{s}$,初始光强 $u_0 = 1\text{V}$ 为例,信号 $f_1(t)$、$f_2(t)$、$f(t)$ 分别如图 7.2 所示。

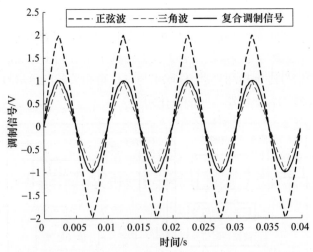

图 7.2　同频正弦波三角波叠加复合调制信号图

126

设 θ 为磁光调制过程中光波偏振面的旋转角,则

$$\theta = \frac{1}{2}m_f f(t) = \frac{1}{2}m_f\sin(\omega t) + \frac{1}{2}m_f \begin{cases} \dfrac{4}{T}t, & t \in [0, T/4] \\[2mm] -\dfrac{4}{T}t + 2, & t \in [T/4, 3T/4] \\[2mm] \dfrac{4}{T}t - 4, & t \in [3T/4, T] \end{cases} \quad (7.3)$$

式中: m_f 为磁光调制器的调制度,单位为 rad。

根据马吕斯定律,结合系统工作原理,线偏振光穿过调制信号调制的调制器,经光电转换、放大处理后的混合信号为

$$u = ku_0 \sin^2(\alpha + \theta) \qquad (7.4)$$

式中: $u_0 = \eta \cdot I_0$, I_0 为上仪器发出的激光经过起偏器后的光强, η 为量子转换效率; k 为电路的放大倍数; α 为上、下仪器之间的方位角。

将式(7.4)展开得到

$$u = ku_0(\sin^2\theta\cos^2\alpha + \cos^2\theta\sin^2\alpha + 2\sin\theta\cos\theta\sin\alpha\cos\alpha) \qquad (7.5)$$

将式(7.3)以及 $\cos^2\theta = 1 - \sin^2\theta$ 带入式(7.5),得到

$$u = ku_0 \left\{ \begin{array}{l} \sin^2\alpha + \sin^2\left\{\dfrac{1}{2}m_f[\sin(\omega t) + f_2(t)]\right\}\cos(2\alpha) + \sin\left\{\dfrac{1}{2}m_f[\sin(\omega t) + f_2(t)]\right\} \\[3mm] \cos\left\{\dfrac{1}{2}m_f[\sin(\omega t) + f_2(t)]\right\}\sin(2\alpha) \end{array} \right\}$$

$$\qquad (7.6)$$

由于 $\sin\left\{\dfrac{1}{2}m_f[\sin(\omega t) + f_2(t)]\right\} = \sin\left[\dfrac{1}{2}m_f\sin(\omega t)\right]\cos\left[\dfrac{1}{2}m_f f_2(t)\right] + \cos\left[\dfrac{1}{2}m_f\sin(\omega t)\right]\sin\left[\dfrac{1}{2}m_f f_2(t)\right]$、$\cos\left\{\dfrac{1}{2}m_f[\sin(\omega t) + f_2(t)]\right\} = \cos\left[\dfrac{1}{2}m_f\sin(\omega t)\right]\cos\left[\dfrac{1}{2}m_f f_2(t)\right] - \sin\left[\dfrac{1}{2}m_f\sin(\omega t)\right]\sin\left[\dfrac{1}{2}m_f f_2(t)\right]$, $f_2(t)$ 始终为时间变量 t 的函数, $\sin\left[\dfrac{1}{2}m_f f_2(t)\right]$、$\cos\left[\dfrac{1}{2}m_f f_2(t)\right]$ 的展开式均为 t 的函数,且根据 $\cos\left[\dfrac{1}{2}m_f\sin(\omega t)\right]$、$\sin\left[\dfrac{1}{2}m_f\sin(\omega t)\right]$ 的第一类贝塞尔函数展开式可见,在复合调制信号的整周期范围内, $\sin\left[\dfrac{1}{2}m_f\sin(\omega t)\right]$ 也是以 t 为变量的函数,所以当方位角 α 不变而 t 变化时, u 中仅有 $ku_0\sin^2\alpha$ 是恒量信号,所以调制后混合信号中直流信号为

$$u_d = ku_0 \sin^2 \alpha \qquad (7.7)$$

交流信号为

$$u_a = u - u_d = ku_0 \sin^2(\alpha + \theta) - ku_0 \sin^2 \alpha \qquad (7.8)$$

以 $m_f = 0.087\,\text{rad}$，$T = 0.01\,\text{s}$，$u_0 = 1\,\text{V}$，$k = 20$ 为例，相同条件下复合调制与传统正弦波调制后信号对比情况如图 7.3 所示，图 7.3(a)、(b) 为调制后的混合信号，图 7.3(c)、(d) 为调制后的交流信号，图 7.3(e)、(f) 为调制后的直流信号，图中断线、虚线、实线分别表示方位角为 30°、10°、1° 的情况。

由图 7.3 可见，相同条件下，复合调制后的各信号与传统方法中对应的各信号形状基本相似，主要原因是正弦波信号与三角波信号在整周期范围内形状相似，且二者的直流信号完全相同。此外，复合调制后的混合信号强度有所增强，交流信号幅值增强了近 1 倍，若是利用交流信号测量方位角，将非常利于提高信号采集精度和系统测量精度。

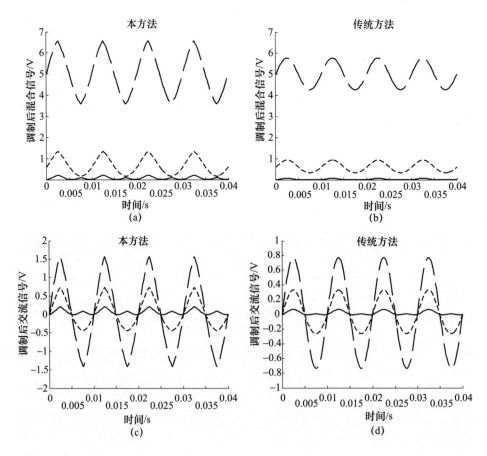

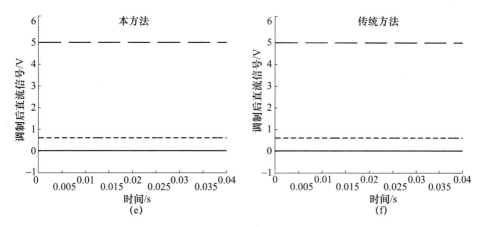

图 7.3　同频正弦波三角波叠加复合调制与传统正弦波调制后信号对比分析图

经过对三角波信号 $f_2(t)$ 分析，在整周期范围内，除了 $t = \dfrac{T}{4}$、$t = \dfrac{3T}{4}$ 两点外，$f_2(t)$ 均连续可导，且存在导数 $f_2'(t)$。

当方位角为某一固定值时，交流信号（式(7.8)）求导数，可得

$$\frac{\mathrm{d}u_a}{\mathrm{d}(t)} = ku_0 \sin(2\alpha + 2\theta)\frac{1}{2}m_f[\cos(\omega t) \cdot w + f_2'(t)] \tag{7.9}$$

在整周期范围内，经计算对比可知，当 $t = \dfrac{T}{4}$、$t = \dfrac{3T}{4}$ 时，调制后的交流信号存在极值点：当 $t = \dfrac{T}{4}$ 时，极值点 u_{a1} 可表示为

$$u_{a1} = ku_0 \sin^2(\alpha + m_f) - ku_0 \sin^2\alpha = \frac{ku_0}{2}$$
$$[\cos(2\alpha) - \cos(2\alpha)\cos(2m_f) + \sin(2\alpha)\sin(2m_f)] \tag{7.10}$$

当 $t = \dfrac{3T}{4}$ 时，极值点 u_{a2} 可表示为

$$u_{a2} = ku_0 \sin^2(\alpha - m_f) - ku_0 \sin^2\alpha = \frac{ku_0}{2}$$
$$[\cos(2\alpha) - \cos(2\alpha)\cos(2m_f) - \sin(2\alpha)\sin(2m_f)] \tag{7.11}$$

式(7.9)中，若 $\sin[2\alpha + 2\theta] = 0$ 成立，计算得到的极值点横坐标与方位角相关，且极值点 u_{aa} 的横坐标随着方位角的变化而左右移动，不利于数据采集，以 $m_f = 0.087\mathrm{rad}$，$T = 0.01\mathrm{s}$，$u_0 = 1\mathrm{V}$，$k = 20$ 为例，调制后的交流信号如图 7.4 所示，图 7.4(a)为调制后交流信号极值点分布图，图 7.4(b)为极值点 u_{aa} 的局部图，

图中断线、虚线、实线分别表示方位角为30′、10′、1′的情况。

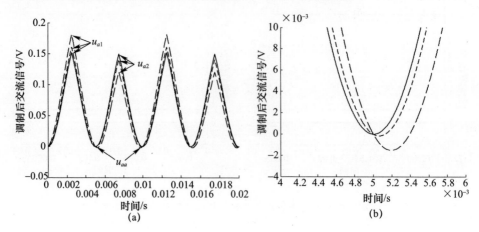

图7.4 正弦波三角波叠加复合调制后的交流信号极值点分布图

在式(7.9)中,若$\cos(wt)\cdot w+f_2'(t)=0$成立,由于正弦波调制信号角频率以及$f_2'(t)$存在,此时能够得到极值点,但是结合图7.4极值点分布可见,此时得到的极值点是增根,应剔除。

通过上述分析可知,仅有极值点u_{a1}、u_{a2}的横坐标位置固定不变,利于数据采集,具有使用价值。以$m_f=0.087\text{rad}$,$T=0.01\text{s}$,$u_0=1\text{V}$,$k=20$为例,复合调制与传统正弦波调制后的交流信号中横坐标不变的极值点对比情况如图7.5(a)、(b)所示。

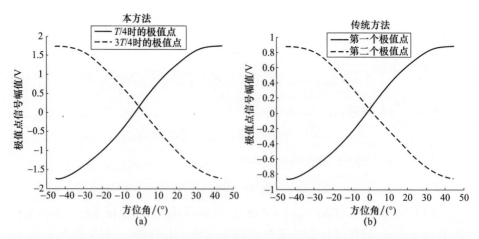

图7.5 正弦波三角波叠加复合调制与传统正弦波调制后的交流信号中极值点对比图

由图7.5可见,同等条件下,复合调制后交流信号中横坐标不变的极值点幅值增强了近 1 倍,利于信号采集和提高系统测量精度。

采集 u_{a1}、u_{a2},得到

$$u_{a1} + u_{a2} = ku_0\cos(2\alpha)(1 - \cos2m_f) \tag{7.12}$$

$$u_{a1} - u_{a2} = ku_0\sin(2\alpha)\sin2m_f \tag{7.13}$$

消除 k、u_0 的影响,令 $(u_{a1} - u_{a2})/(u_{a1} + u_{a2})$,得到

$$\frac{u_{a1} - u_{a2}}{u_{a1} + u_{a2}} = \frac{\sin(2m_f)}{1 - \cos(2m_f)}\tan(2\alpha) \tag{7.14}$$

由此得到方位测量模型为

$$\alpha = \frac{1}{2}\arctan\left(\frac{u_{a1} - u_{a2}}{u_{a1} + u_{a2}}\tan m_f\right) \tag{7.15}$$

在式(7.15)中,调制度 m_f 由仪器具体参数确定,为已知量,仅有调制后的交流信号中极值点 u_{a1}、u_{a2} 为未知量,利用取样积分电路采集 u_{a1}、u_{a2} 并带入模型式(7.15),即可得到方位角信息。

7.1.2 测量结果分析

由于硬件不能直接进行反正切函数计算,采用硬件查表法实现反正切函数,因此文中方位测量方法的测量精度一定程度上受硬件反正切计算能力的影响。此外,还受取样积分电路采样精度等因素影响,这里仅对方法本身的理论计算精度进行仿真研究,以 $m_f = 0.087\text{rad}$,$T = 0.01\text{s}$,$u_0 = 1\text{V}$,$k = 20$ 为例,方位角在 $-45° \sim 45°$ 范围内变化时该方法的理论测量误差如图 7.6 所示。

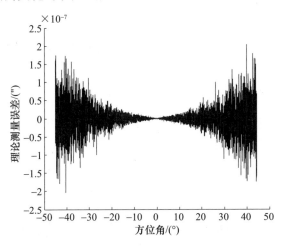

图 7.6 基于正弦波三角波叠加复合调制的方位测量系统理论误差分布图

由图 7.6 可见,系统主要理论误差控制在 2.5×10^{-7}″以内,且角度越小测量精度越高。该方法与传统基于正弦波磁光调制的方位测量方法的理论误差对比情况如图 7.7 所示。

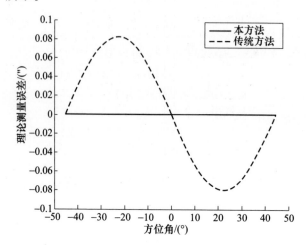

图 7.7 正弦波三角波叠加复合调制与传统正弦波调制的系统理论测量误差对比图

由图 7.7 可见,提出的方法在测量精度方面明显高于传统方法,二者理论测量范围相当,均为 $-45° \sim 45°$。

由上述分析过程可见,与传统正弦波磁光调制方位测量方法相比,虽然正弦波三角波叠加复合调制在调制信号方面略显复杂,但是调制后的交流信号以及交流信号中的极值点信号幅值比传统方法中相应信号幅值增强了近 1 倍,利于提高数据采集精度和系统测量精度,应用前景广阔。

7.2 基于同频正弦波方波叠加复合调制的方位测量

7.2.1 方位测量原理

图 7.8 所示为基于同频正弦波方波叠加复合调制的方位测量系统原理图。上仪器中激光器发出的激光经过起偏器成为线偏振光,当它通过调制器中磁致旋光玻璃时,在复合调制信号产生的同频交变磁场作用下,产生法拉第旋光效应,实现了偏振光信号调制。调制后的偏振光进入下仪器,经过检偏、聚焦、光电转换等处理,信号检测与处理系统结合上仪器传递下来的同步正弦波调制信号,对光电转换后的信号进行检测处理,提取出与方位角相关的电压信号,并经过一定的算法处理,得到上、下仪器之间的方位角。

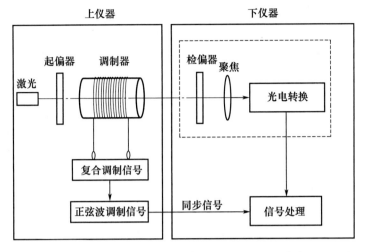

图 7.8　基于同频正弦波方波叠加复合调制的方位测量系统原理图

按照信号类型、信号频率、振幅、相位的不同,不同信号叠加复合调制的方式多种多样,本节重点研究同频率、同振幅、同相位的正弦波与方波叠加复合调制的情况。设复合调制前正弦波 $f_1(t)$ 和方波 $f_2(t)$ 分别为

$$\begin{cases} f_1(t) = \sin(\omega t) \\ f_2(t) = \begin{cases} 1, & t \in [0, T/2) \\ -1, & t \in [T/2, T) \end{cases} \end{cases} \tag{7.16}$$

式中:ω 为正弦波调制信号的角频率;T 为调制信号的周期;t 为时间变化量。

复合调制信号为

$$f(t) = f_1(t) + f_2(t) = \sin(\omega t) + \begin{cases} 1, & t \in [0, T/2) \\ -1, & t \in [T/2, T) \end{cases} \tag{7.17}$$

以 $T = 0.01\,\mathrm{s}$,初始光强 $u_0 = 1\mathrm{V}$ 为例,信号 $f_1(t)$、$f_2(t)$、$f(t)$ 分别如图 7.9 所示。

设 θ 为磁光调制过程中光波偏振面的旋转角,则

$$\theta = \frac{1}{2}m_f f(t) = \frac{1}{2}m_f \sin(\omega t) + \begin{cases} \dfrac{1}{2}m_f, & t \in [0, T/2) \\ -\dfrac{1}{2}m_f, & t \in [T/2, T) \end{cases} \tag{7.18}$$

式中:m_f 为磁光调制器的调制度,单位为 rad。

根据马吕斯定律,结合系统工作原理,线偏振光穿过调制信号调制的调制器,经光电转换、放大处理后的混合信号为

133

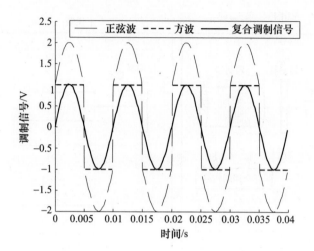

图 7.9　正弦波方波叠加复合调制信号图

$$u = ku_0 \sin^2(\alpha + \theta) \tag{7.19}$$

式中：$u_0 = \eta \cdot I_0$，I_0 为上仪器激光器发出的激光经过起偏器后的光强，η 为量子转换效率；k 代表电路的放大倍数；α 为上、下仪器之间的方位角。

将式(7.18)带入式(7.19)，得到

$$u = ku_0 \sin^2(\alpha + \theta) = ku_0 \sin^2\left[\left(\alpha \pm \frac{1}{2}m_f\right) + \frac{1}{2}m_f\sin(\omega t)\right] \tag{7.20}$$

将式(7.20)展开，并将 $\cos^2\left[\frac{1}{2}m_f\sin(\omega t)\right] = 1 - \sin^2\left[\frac{1}{2}m_f\sin(\omega t)\right]$ 带入此式，得到

$$u = ku_0 \begin{bmatrix} \sin^2\left(\alpha \pm \frac{1}{2}m_f\right) + \sin^2\left(\frac{1}{2}m_f\sin(\omega t)\right)\cos(2\alpha \pm m_f) + \\ \sin\left(\frac{1}{2}m_f\sin(\omega t)\right)\cos\left(\frac{1}{2}m_f\sin(\omega t)\right)\sin(2\alpha \pm m_f) \end{bmatrix} \tag{7.21}$$

由 $\cos\left[\frac{1}{2}m_f\sin(\omega t)\right]$ 和 $\sin\left[\frac{1}{2}m_f\sin(\omega t)\right]$ 的第一类贝塞尔函数展开式可见，在复合调制信号的半周期范围内，仅有 $\sin\left[\frac{1}{2}m_f\sin(\omega t)\right]$ 单纯是以 wt 为变量的函数，所以当方位角 α 不变而 wt 变化时，u 中仅有 $ku_0 \sin^2\left(\alpha \pm \frac{1}{2}m_f\right)$ 是恒量信号；但是在复合调制信号的整周期范围内，将半周期范围内的恒量信号展开，得到

$$ku_0\sin^2\left(\alpha \pm \frac{1}{2}m_f\right) = \frac{ku_0}{2}(1 - \cos2\alpha\cos m_f \pm \sin2\alpha\sin m_f) \tag{7.22}$$

134

由式(7.22)可见,在调制信号的前、后半周期转换时,由于方波调制信号发生幅值剧变,引起恒量信号中部分信号发生幅值翻转。因此,在复合调制信号的整周期范围内,调制后混合信号中的直流信号为

$$u_d = \frac{ku_0}{2}(1 - \cos(2\alpha)\cos m_f) \tag{7.23}$$

交流信号为

$$u_a = u - u_d = \begin{cases} ku_0\sin^2\left[\alpha + \frac{1}{2}m_f + \frac{1}{2}m_f\sin(\omega t)\right] - \frac{ku_0}{2}(1 - \cos(2\alpha)\cos m_f), t \in [0, T/2) \\ ku_0\sin^2\left[\alpha - \frac{1}{2}m_f + \frac{1}{2}m_f\sin(\omega t)\right] - \frac{ku_0}{2}(1 - \cos(2\alpha)\cos m_f), t \in [T/2, T) \end{cases}$$

$$\tag{7.24}$$

以 $m_f = 0.087\mathrm{rad}, T = 0.01\mathrm{s}, u_0 = 1\mathrm{V}, k = 20$ 为例,同等条件下,复合调制与传统正弦波调制后信号对比情况如图7.10所示,图7.10(a)、(b)为调制后的混合信号,图7.10(c)、(d)为调制后的交流信号,图7.10(e)、(f)为调制后的直流信号,图中断线、虚线、实线分别表示方位角为30°、10°、1°的情况。

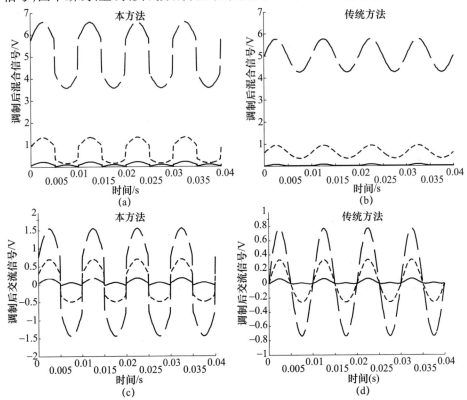

135

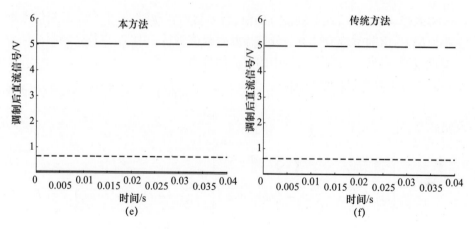

图 7.10   正弦波方波叠加复合调制与传统正弦波调制后信号对比分析图

由图 7.10 可见,相同条件下,复合调制后的直流信号差异不大,混合信号有所增强,交流信号的幅值增强了近 1 倍,若是利用交流信号测量方位角,将非常利于信号采集和提高系统测量精度。

交流信号(式(7.24))求导数,可得

$$\frac{\mathrm{d}u_a}{\mathrm{d}(\omega t)} = \begin{cases} \dfrac{1}{2} m_f k u_0 \sin\left[2\alpha + m_f + m_f \sin(\omega t)\right]\cos(\omega t) = 0, t \in \left[0, T/2\right) \\ \dfrac{1}{2} m_f k u_0 \sin\left[2\alpha - m_f + m_f \sin(\omega t)\right]\cos(\omega t) = 0, t \in \left[T/2, T\right) \end{cases} \tag{7.25}$$

式(7.25)中无论 $\sin\left[2\alpha + m_f + m_f \sin(\omega t)\right] = 0$ 还是 $\sin\left[2\alpha - m_f + m_f \sin(\omega t)\right] = 0$ 成立,计算得到的极值点横坐标均与方位角相关,且极值点随着方位角的变化而左右移动,不利于数据采集。若 $\cos(\omega t) = 0$ 成立,极值点的横坐标为 $\omega t_1 = 2m\pi + \dfrac{\pi}{2}$ 和 $\omega t_2 = 2m\pi - \dfrac{\pi}{2}$,其中 $m = 0, 1, 2, 3, 4, \cdots$。

当 $\omega t_1 = 2m\pi + \dfrac{\pi}{2}$ 时,复合调制信号处于正半周期内,相应的极值点为

$$u_{a1} = \frac{k u_0}{2}\left[\cos(2\alpha)\left(\cos m_f - \cos(2m_f)\right) + \sin(2\alpha)\sin(2m_f)\right] \tag{7.26}$$

当 $\omega t_2 = 2m\pi - \dfrac{\pi}{2}$ 时,复合调制信号处于负半周期内,相应的极值点为

$$u_{a2} = \frac{k u_0}{2}\left[\cos(2\alpha)\left(\cos m_f - \cos(2m_f)\right) - \sin(2\alpha)\sin(2m_f)\right] \tag{7.27}$$

上述极值点的横坐标位置固定不变,利于数据采集,具有使用价值。以 $m_f =$

0.087rad, $T = 0.01\text{s}$, $u_0 = 1\text{V}$, $k = 20$ 为例, 复合调制与传统正弦波调制后的交流信号中横坐标不变的极值点对比情况如图 7.11（a）、（b）所示。

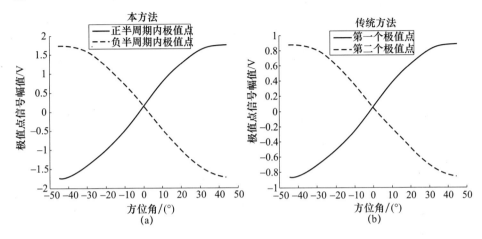

图 7.11　正弦波方波叠加复合调制后的交流信号中极值点对比分布图

由图 7.11 可见, 同等条件下, 复合调制后的交流信号中横坐标不变的极值点幅值增强了近 1 倍, 利于信号采集和提高系统测量精度。

采集 u_{a1}、u_{a2}, 得到

$$u_{a1} + u_{a2} = ku_0 \cos(2\alpha)\left(\cos m_f - \cos 2m_f\right) \tag{7.28}$$

$$u_{a1} - u_{a2} = ku_0 \sin(2\alpha)\sin(2m_f) \tag{7.29}$$

消除 k、u_0 的影响, 令 $(u_{a1} - u_{a2})/(u_{a1} + u_{a2})$, 得到

$$\frac{u_{a1} - u_{a2}}{u_{a1} + u_{a2}} = \frac{\sin(2m_f)}{\cos m_f - \cos(2m_f)}\tan(2\alpha) \tag{7.30}$$

由此得到方位测量模型为

$$\alpha = \frac{1}{2}\arctan\left(\frac{u_{a1} - u_{a2}}{u_{a1} + u_{a2}}\frac{\cos m_f - \cos(2m_f)}{\sin(2m_f)}\right) \tag{7.31}$$

在式（7.31）中, 调制度 m_f 由仪器具体参数确定, 为已知量, 仅有调制后的交流信号中极值点 u_{a1}、u_{a2} 为未知量, 利用取样积分电路采集 u_{a1}、u_{a2} 并带入模型式（7.31）, 即可得到方位角信息。

7.2.2　测量结果分析

由于硬件不能直接进行反正切函数计算, 采用硬件查表法实现反正切函数。因此, 文中方位测量方法的测量精度一定程度上受硬件反正切计算能力的影响,

137

此外还受取样积分电路采样精度等因素影响。这里仅对方法本身的理论计算精度进行仿真研究,以 $m_f = 0.087\text{rad}$, $T = 0.01\text{s}$, $u_0 = 1\text{V}$, $k = 20$ 为例,方位角在 $-45° \sim 45°$ 范围内变化时该方法的理论测量误差如图 7.12 所示。

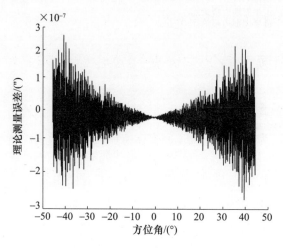

图 7.12 基于正弦波三角波叠加复合调制的方位测量系统理论测量误差分布图

由图 7.12 可见,系统主要理论误差控制在 $3 \times 10^{-7''}$ 以内,且角度越小测量精度越高。该方法与传统基于正弦波磁光调制的方位测量方法的理论误差对比情况如图 7.13 所示。

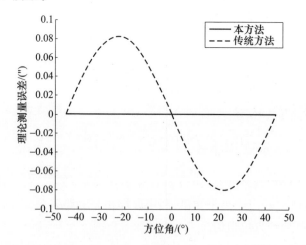

图 7.13 正弦波三角波叠加复合调制与传统正弦波调制的系统理论测量误差对比图

由图 7.13 可见,提出的方法在测量精度方面明显高于传统方法,二者理论测量范围相当,均为 $-45° \sim 45°$。

138

由文中分析过程可见,与传统正弦波磁光调制测量方法相比,虽然正弦波方波叠加复合调制在调制信号方面略显复杂,但是调制后的交流信号以及交流信号中的极值点幅值比传统方法中相应信号幅值增强了近1倍,有利于提高数据采集精度和系统测量精度,应用前景广阔。

7.3 基于同频三角波方波叠加复合调制的方位测量

7.3.1 方位测量原理

图7.14所示为基于同频三角波方波叠加复合调制的方位测量系统原理图。上仪器中激光器发出的激光经过起偏器成为线偏振光,当线偏振光通过调制器中磁致旋光玻璃时,在复合调制信号产生的同频交变磁场作用下,产生法拉第旋光效应,实现了偏振光信号调制。调制后的偏振光进入下仪器,经过检偏、聚焦、光电转换等处理,信号检测与处理系统结合上仪器传递下来的同步三角波调制信号,对光电转换后的信号进行检测处理,提取出与方位角相关的电压信号,并经过一定的算法处理,得到上下仪器之间的方位角。

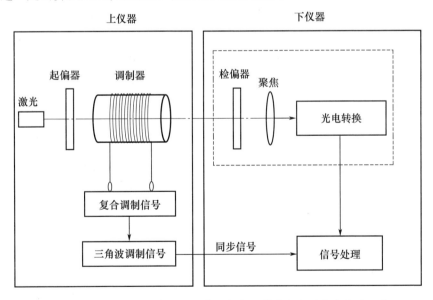

图7.14 基于同频三角波方波叠加复合调制的方位测量系统原理图

按照信号类型、信号频率、振幅、相位的不同,不同信号叠加复合调制的方式多种多样,本节重点研究同频率、同振幅、同相位的三角波信号与方波信号叠加复合调制的情况。设复合调制前三角波信号$f_1(t)$和方波信号$f_2(t)$分别为

$$f_1(t) = \begin{cases} \dfrac{4}{T}t, & t \in (0, T/4] \\[2mm] -\dfrac{4}{T}t + 2, & t \in (T/4, 3T/4] \\[2mm] \dfrac{4}{T}t - 4, & t \in (3T/4, T] \end{cases}$$ $$\quad (7.32)$$

$$f_2(t) = \begin{cases} 1, & t \in (0, T/2] \\ -1, & t \in (T/2, T] \end{cases}$$

式中:T 为调制信号的周期;t 为时间变化量。

复合调制信号为

$$f(t) = f_1(t) + f_2(t) = \begin{cases} \dfrac{4}{T}t + 1, & t \in (0, T/4] \\[2mm] -\dfrac{4}{T}t + 3, & t \in (T/4, T/2] \\[2mm] -\dfrac{4}{T}t + 1, & t \in (T/2, 3T/4] \\[2mm] \dfrac{4}{T}t - 5, & t \in (3T/4, T] \end{cases} \quad (7.33)$$

以 $T = 0.01\,\mathrm{s}$,初始光强 $u_0 = 1\mathrm{V}$ 为例,信号 $f_1(t)$、$f_2(t)$、$f(t)$ 分别如图 7.15 所示。

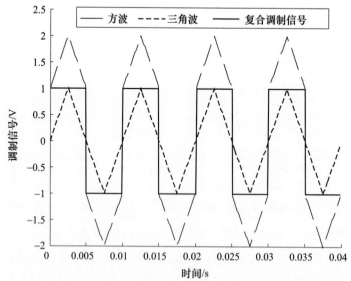

图 7.15　三角波方波叠加复合调制信号图

140

设 θ 为磁光调制过程中光波偏振面的旋转角,则

$$\theta = \frac{1}{2} m_f f(t) \tag{7.34}$$

式中: m_f 为磁光调制器的调制度,单位为 rad。

根据马吕斯定律,结合系统工作原理,线偏振光穿过调制信号调制的调制器,经光电转换、放大处理后的混合信号为

$$u = k u_0 \sin^2(\alpha + \theta) \tag{7.35}$$

式中: $u_0 = \eta \cdot I_0$, I_0 为上仪器激光器发出的激光经过起偏器后的光强, η 为量子转换效率; k 为电路的放大倍数; α 为上、下仪器之间的方位角。

将式(7.35)展开得到

$$u = k u_0 (\sin^2\theta \cos^2\alpha + \cos^2\theta \sin^2\alpha + 2\sin\theta\cos\theta\sin\alpha\cos\alpha) \tag{7.36}$$

将 $\cos^2\theta = 1 - \sin^2\theta$ 、 $\theta = \frac{1}{2} m_f f(t)$ 代入式(7.36),得到

$$u = k u_0 \left\{ \sin^2\alpha + \sin^2\left[\frac{1}{2} m_f f(t)\right]\cos(2\alpha) + \sin\left[\frac{1}{2} m_f f(t)\right]\cos\left[\frac{1}{2} m_f f(t)\right]\sin(2\alpha) \right\} \tag{7.37}$$

由于复合调制信号 $f(t)$ 为分段函数,为方便公式推导,假设 $f(t) = \pm \frac{4}{T} t + m$,其中 $m = \cdots, -2, -1, 0, 1, 2, \cdots$,则

$$\sin\left[\frac{1}{2} m_f f(t)\right] = \pm \sin\left(\frac{2m_f}{T} t\right)\cos\left(\frac{m}{2} m_f\right) + \cos\left(\frac{2m_f}{T} t\right)\sin\left(\frac{m}{2} m_f\right) \tag{7.38}$$

$$\cos\left[\frac{1}{2} m_f f(t)\right] = \cos\left(\frac{2m_f}{T} t\right)\cos\left(\frac{m}{2} m_f\right) \mp \sin\left(\frac{2m_f}{T} t\right)\sin\left(\frac{m}{2} m_f\right) \tag{7.39}$$

从 $\sin\left[\frac{1}{2} m_f f(t)\right]$ 、 $\cos\left[\frac{1}{2} m_f f(t)\right]$ 的展开式可见, $\sin\left(\frac{2m_f}{T} t\right)$ 中一定不含有常数项,只有在偶然情况下,仪器调制度 m_f 、调制信号周期 T 组成的系数 $\frac{2m_f}{T}$ 才为偶数,绝大部分情况下其为非偶数,因此, $\cos\left(\frac{2m_f}{T} t\right)$ 在绝大部分情况下不含有常数项,且 m 也存在一定的变化,所以一般情况下 $\sin\left[\frac{1}{2} m_f f(t)\right]$ 、 $\cos\left[\frac{1}{2} m_f f(t)\right]$ 均为 t 的函数且不含有常数项。当方位角 α 不变而 t 变化时, u 中仅有 $k u_0 \sin^2\alpha$

141

是恒量信号,调制后混合信号中的直流信号为

$$u_d = ku_0 \sin^2 \alpha \tag{7.40}$$

交流信号为

$$u_a = u - u_d = ku_0 \sin^2 \left[\alpha + \frac{1}{2} m_f f(t) \right] - ku_0 \sin^2 \alpha \tag{7.41}$$

以 $m_f = 0.087\text{rad}, T = 0.01\text{s}, u_0 = 1\text{V}, k = 20$ 为例,同等条件下,复合调制与传统正弦波调制后信号如图 7.16 所示,图 7.16(a)、(b)为调制后的混合信号,图 7.16(c)、(d)为调制后的交流信号,图 7.16(e)、(f)为调制后的直流信号,图中断线、虚线、实线分别表示方位角为30°、10°、1°的情况。

由图 7.16 可见,相同条件下,复合调制后的直流信号完全相同,混合信号有所增强,交流信号幅值增强了近 1 倍,若是利用交流信号测量方位角,将非常利于信号采集和提高系统测量精度。

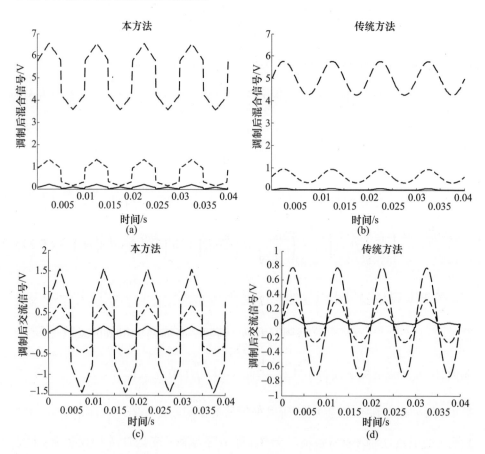

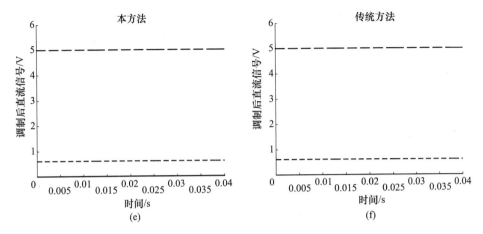

图 7.16 三角波方波叠加复合调制与传统正弦波调制后信号对比分析图

经过对复合调制信号 $f(t)$ 分析,在整周期范围内,除了 $t = \dfrac{T}{4}$、$t = \dfrac{T}{2}$、$t = \dfrac{3T}{4}$、$t = T$ 四点外,$f(t)$ 均连续可导,且存在导数 $f'(t)$。

当方位角为某一固定值时,对交流信号(式(7.41))求导数,可得

$$\frac{\mathrm{d}u_a}{\mathrm{d}(t)} = ku_0 \sin\left[2\alpha + m_f f(t)\right] \frac{1}{2} m_f f'(t) = 0 \tag{7.42}$$

在式(7.42)中,若 $\sin[2\alpha + m_f \cdot f(t)] = 0$ 成立,计算得到的极值点横坐标均与方位角相关,且极值点 u_{aa} 随着方位角的变化而左右移动,不利于数据采集。根据复合调制信号式(7.33),显然,$f'(t) = 0$ 不成立。

在整周期范围内,经计算分析,4 个连续不可导点中,当 $t = \dfrac{T}{4}$、$t = \dfrac{3T}{4}$ 时,调制后的交流信号存在极值点。

当 $t = \dfrac{T}{4}$ 时,极值点 u_{a1} 可表示为

$$u_{a1} = ku_0 \sin^2(\alpha + m_f) - ku_0 \sin^2\alpha = \frac{ku_0}{2}$$
$$\left[\cos(2\alpha) - \cos(2\alpha)\cos(2m_f) + \sin(2\alpha)\sin(2m_f)\right] \tag{7.43}$$

当 $t = \dfrac{3T}{4}$ 时,极值点 u_{a2} 可表示为

$$u_{a2} = ku_0 \sin^2(\alpha - m_f) - ku_0 \sin^2\alpha = \frac{ku_0}{2}$$
$$\left[\cos(2\alpha) - \cos(2\alpha)\cos(2m_f) - \sin(2\alpha)\sin(2m_f)\right] \tag{7.44}$$

143

上述极值点的横坐标位置固定不变,利于数据采集,具有使用价值。以 $m_f = 0.087\mathrm{rad}$，$T = 0.01\mathrm{s}$，$u_0 = 1\mathrm{V}$，$k = 20$ 为例,复合调制与传统正弦波调制后的交流信号中横坐标不变的极值点对比情况如图 7.17(a)、(b) 所示。

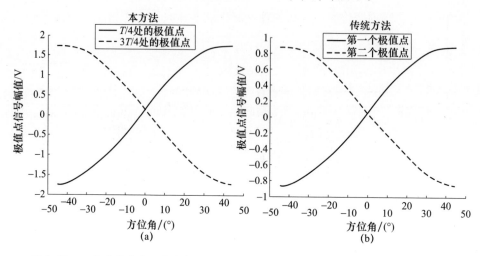

图 7.17 三角波方波叠加复合调制与传统正弦波调制后的交流信号中极值点对比图

由图 7.17 可见,同等条件下,复合调制后交流信号中横坐标不变的极值点的幅值增强了近 1 倍,利于信号采集和提高系统测量精度。

采集 u_{a1}、u_{a2},得到

$$u_{a1} + u_{a2} = ku_0\cos(2\alpha)(1 - \cos(2m_f)) \tag{7.45}$$

$$u_{a1} - u_{a2} = ku_0\sin(2\alpha)\sin(2m_f) \tag{7.46}$$

消除 k、u_0 的影响,令 $(u_{a1} - u_{a2})/(u_{a1} + u_{a2})$,得到

$$\frac{u_{a1} - u_{a2}}{u_{a1} + u_{a2}} = \frac{\sin(2m_f)}{1 - \cos(2m_f)}\tan(2\alpha) \tag{7.47}$$

由此得到方位测量模型为

$$\alpha = \frac{1}{2}\arctan\left(\frac{u_{a1} - u_{a2}}{u_{a1} + u_{a2}}\tan m_f\right) \tag{7.48}$$

在式(7.48)中,调制度 m_f 由仪器具体参数确定,为已知量,仅有调制后的交流信号中极值点 u_{a1}、u_{a2} 为未知量,利用取样积分电路采集 u_{a1}、u_{a2} 并带入模型式(7.48),即可得到方位角信息。

7.3.2　测量结果分析

由于硬件不能直接进行反正切函数计算,采用硬件查表法实现反正切函数。

144

因此,文中方位测量方法的测量精度一定程度上受硬件反正切计算能力的影响,此外还受取样积分电路采样精度等因素影响,这里仅对方法本身的理论计算精度进行仿真研究,以 $m_f = 0.087\,\text{rad}$, $T = 0.01\,\text{s}$, $u_0 = 1\text{V}$, $k = 20$ 为例,方位角在 $-45° \sim 45°$ 范围内变化时该方法的理论测量误差如图 7.18 所示。

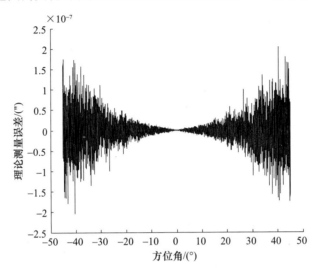

图 7.18　基于三角波方波叠加复合调制的方位测量系统理论测量误差分布图

由图 7.18 可见,系统主要理论误差控制在 $2.5 \times 10^{-7''}$ 以内,且角度越小测量精度越高。该方法与传统基于正弦波磁光调制的方位测量方法的理论误差对比情况如图 7.19 所示。

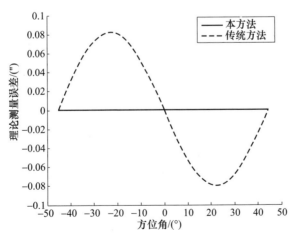

图 7.19　三角波方波叠加复合调制与传统正弦波调制的系统理论测量误差对比图

145

由图 7.19 可见,提出的方法在测量精度方面明显高于传统方法,二者理论测量范围相当,均为 $-45° \sim 45°$。

由上面分析可见,与传统正弦波磁光调制测量方法相比,虽然三角波方波叠加复合调制在调制信号方面略显复杂,但是调制后的交流信号以及交流信号中的极值点信号幅值比传统方法中相应信号幅值增强了近 1 倍,有利于提高数据采集精度和系统测量精度,应用前景广阔。

参 考 文 献

[1] 董晓娜. 方位垂直传递技术的研究[D]. 西安:中国科学院西安光学精密机械研究所,2001.

[2] 杨志勇,黄先祥,周召发,等. 方波磁光调制测量在航天器对接中的应用[J]. 光学·精密工程,2012, 20(8):1233 – 1240.

[3] 杨志勇,黄先祥,周召发,等. 方波磁光调制测量在无机械连接的设备间方位传递中的应用[J]. 光学学报,2012,32(12):1212006 – 1 – 7.

[4] 申小军. 方位垂直传递装置中的信号检测与控制技术研究[D]. 西安:中国科学院西安光学精密机械研究所,2001.

[5] 董晓娜,高立民,等. 利用磁光调制实现方位角垂直传递[J]. 光子学报,2001,30(11):1389 – 1391.

[6] 申小军,马彩文,等. 一种无机械连接的方位测量同步系统[J]. 光子学报,2001,30(7):892 – 896.

[7] 杨雨川,罗晖. 近地浮空器三位姿态校准的激光传递设计[J]. 红外与激光工程,2010,39(4):632 – 638.

[8] 崔岩,曹楠楠,褚金奎,等. 天空偏振光测量系统的设计[J]. 光学·精密工程,2009,17(6):1431 – 1435.

[9] 钱小陵,常悦. 磁光调制技术在光偏振微小旋转角精密测量中的应用[J]. 首都师范大学学报(自然科学版),2001,22(1):46 – 49,54.

[10] 李永安. 传统光纤及光子晶体光纤偏振与磁光特性研究[D]. 西安:西北大学,2007.

[11] Mihailovic P,Petricevic S,Radunovic J. Improvements in difference – over – sum normalization method for Faraday effect magnetic field waveforms measurement[J]. 2006 JINST,2006,1 P12002:1 – 11.

[12] Clark S E,Schaeffer D B,Bondarenko A S,et al. Magnetic field measurements in low density plasmas using paramagnetic Faraday rotator glass[J]. Review of Scientific Instruments,2012,83:10D503,1 – 3.

[13] White A D,McHale G B,Goerz D A,et al. Faraday rotation data analysis with least – squares elliptical fitting[J]. Review of Scientific Instruments,2010,81(10):103108,1 – 5.

[14] Brevet – Philibert O,Monin J. The measurement of the Faraday effect in alternating magnetic fields:a new and simple method[J]. Measurement Science Technology,1990,1:362 – 364.

[15] Kikushima K,Fujiwara T,Ikeda S. Cascaded modulation scheme and its application to optical multi – channel signal transmission system[J]. IEICE Trans Commun,2007,E90 – B(2):195 – 208.

[16] Schmidt B M,Williams J M,Williams D. Magneto – optic modulation of a light beam in sodium vapor [J]. Journal of the Optical Society of America,1964,54(4):454 – 459.

[17] Menke P,Bossekmann T. Temperature compensation in magnetooptic AC current sensors using an intelligent AC – DC signal evaluation[J]. Journal of Lightwave Technology,1995,13(7):1362 – 1371.

[18] Williams P A,Day G W,Rose A H. Compensation for temperature dependence of Faraday effect in diamagnetic materials:Application to optical fibre sensors[J]. Electronics Letters,1991,27(13):1131 – 1132.

[19] Muroo K,Sato K,Takubo Y. Cavity – enhanced detection system with an optically – feedbacked diode laser

for Faraday effect measurement[J]. Japanese Journal of Applied Physics,2001,40 Part2(8A):L802 – 804.

[20] Higaki M. Compensation for light intensity variation by superposing AC magnetic field in optical measure-ment of DC current[J]. Electrical Engineering in Japan,1996,117(6):53 – 62.

[21] Imamura T,Matsumoto K,Inoue M,et al. Convenient spectrum measurement of magnetooptic Faraday effect utilizing off – crossed polarization [J]. Japanese Journal of Applied Physics, 1994, 33 Part2 (5A): L679 – 682.

[22] Moyerman S,Bierman E,Ade P A R,et al. Scientific verification of Faraday rotation modulators:detection of diffuse polarized galactic emission[J]. Astrophysics,2012,2:1 – 14.

[23] Yang C,Chen M,Yao J,et al. Light – activated ultrafast magneto – optic modulator[J]. The International Society for Optical Engineering. 2008,8:12 – 14.

[24] Kim S Y,Won Y H,Kim H N. Measurement of the Faraday effect of a few optical glasses using a direct polarimetric method[J]. Journal of Applied Physics,1990,67(11):7026 – 7030.

[25] Holm U,Sohlström H,Brogàrdh T. Measurement system for magneto – optic sensor materials[J]. Journal of Physics E:Science Instrument,1984,17:885 – 889.

[26] Zhang P,Irvine – halliday D. Measurement of the Beat length in high – birefringent optical fiber by way of magnetooptic modulation[J]. Journal of Lightwave Technology,1994,12(4):597 – 602.

[27] Irvine – halliday D,Khan M R,Zhang Pengguang. Beat – length measurement of high – birefringence polari-zation – maintaining optical fiber using the dc Faraday magneto – optic effect[J]. Optical Engineering, 2000,39(5):1310 – 1315.

[28] Real R P,Rosa G,Guerrero H. Magneto – optical apparatus to measure ac magnetic susceptibility [J]. Re-view of Scientific Instruments,2004,75(7):2351 – 2355.

[29] Chen Q L,Chen Q P,Wang Shuangbao. A new faraday rotation measurement method for the study on magne-to optical property of PbO – Bi_2O_3 – B_2O_3 Glasses for current sensor applications[J]. Open Journal of Inor-ganic Non – metallic Materials,2011,1:1 – 7.

[30] Okamura Y,Yamamoto S. Measurements of Faraday effect in iron garnet optical waveguide at near infrared wavelengths[J]. Journal of Applied Physics,1991,69(8):4583 – 4585.

[31] Hamidi S M,Tehranchi M M. Magneto – optical Faraday rotation in Ce:YIG thin films incorporating gold nanoparticles[J]. J Supercond Nov Magn,2012,25:2713 – 2717.

[32] Bush S P,Jackson D A. Dual – channel faraday – effect current sensor capable of simultaneous measurement of two independent currents[J]. Optics Letters,1991,16(12):955 – 957.

[33] Itterbeek A V,Pitsi G,Myncke H,et al. Measurements of the intensity of high pulsed magnetic fields by the Faraday effect in flintglass[J]. Appl Sci Res,1963,11(1):433 – 441.

[34] Flores J L,Ferrari J A,Perciante C D. Faraday current sensor using space – variant analyzers[J]. Optical Engineering,2008,47(12):123603 – 1 – 6.

[35] Correa N,Chuaqui H,Wyndham E,et al. Current measurement by faraday effect on GEPOPU[J]. Applied Optics,2012,51(6):758 – 762.

[36] Sato T,Sone I. Development of bulk – optic current sensor using glass ring type Faraday cells [J]. Optical Review,1997,4(1A):35 – 37.

[37] Fujimoto T,Shimizu M,Nakagawa H,et al. Development of an optical current transformer for adjustable speed pumped storage system[J]. IEEE Transactions on Power Delivery,1997,12(1):45 – 50.

148

[38] Sarkisov G S, Woodworth J R. Measurement of the current in water discharge using magneto – optical Faraday effect[J]. Journal of Applied Physics, 2006, 99(9):0993307 – 1 – 4.

[39] Bera S C, Chakraborty S. Study of magneto – optic element as a displacement sensor[J]. Measurement, 2011, 44:1747 – 1752.

[40] Didosyan Y, Hauser H, Nicolics J, et al. Magneto – optical method for measuring mechanical quantities[J]. IEEE Transactions on Instrumentation and Measurement, 2002, 51(4):730 – 733.

[41] Medford R D, Fletcher W H W, Herbert J D, et al. A new application of the Faraday magneto – optical effect for diagnostic measurements of transient[J]. Nature, 1961, 192(18):622 – 624.

[42] Brumfield B, Wysocki G. Faraday rotation spectroscopy based on permanent magnets for sensitive detection of oxygen at atmospheric conditions[J]. Optics Express, 2012, 20(28):29727 – 29742.

[43] 章春香, 陈国平, 殷海荣, 等. 不同 Tb_2O_3 掺量的 GBS 和 ABS 磁光玻璃的制备和性能研究[J]. 硅酸盐通报, 2009, 28(2):274 – 278.

[44] 殷海荣, 章春香, 刘立营. 高 Verdet 常数 Faraday 玻璃磁光理论及其应用[J]. 硅酸盐通报, 2008, 27(4):748 – 753.

[45] 殷海荣, 章春香, 刘立营, 等. Tb_2O_3 对磁光玻璃形成区及物理化学性质的影响[J]. 中国稀土学报, 2009, 27(1):57 – 62.

[46] 杜林, 林明晖, 王士彬, 等. 新型磁光介质—铁磁流体特性的研究. 高压电器[J], 2009, 45(3):23 – 27.

[47] 张溪文, 梁军, 张守业. 用于高性能光隔离器的复合稀土铁石榴石 ReYbBiIG 单晶材料研究[J]. 无机材料学报, 2003, 18(4):731 – 736.

[48] Yang J, Zhang Y, He H. Measurement of the Faraday effect of garnet film in alternating magnetic fields[J]. Journal of Applied Physics, 1994, 75(10):6795 – 6797.

[49] Jia H, Xia G, Wu B, et al. A novel optical polarimeter based on the signal width measurement of the waveform[J]. Optik, 2011, 122:2107 – 2109.

[50] 石志东, 包欢欢, 柳树. 磁光调制法双折射光纤拍长测试技术研究[J]. 光电子·激光, 2008, 19(3):369 – 372.

[51] Bao H, Shi Z, Lin J, et al. Sensitivity of magneto – optic method for measuring beat – length of high birefringence optical fiber[C]//3rd International Symposium on Advanced Optical Manufacturing and Testing Technologies: Optical Test and Measurement Technology and Equipment, 2007, Proc. of SPIE, 6723:672340 – 1 – 7.

[52] 张守业, 黄敏, 张志良. 磁光调制法测量 GdBiIG 单晶法拉第旋转谱[J]. 浙江大学学报(自然科学版), 1994, 28(3):317 – 322.

[53] 张建华, 刘立国, 朱鹤年, 等. 应用磁光调制器的高分辨率偏振消光测量系统[J]. 光电子·激光, 2001, 12(10):1041 – 1042.

[54] 李丹. 磁光调制偏振测量[D]. 西安:西北大学, 2010.

[55] 符照森. 方波磁光调制检测方法理论与实验研究[D]. 西安:西北大学, 2011.

[56] 李永安, 李小俊, 李书婷, 等. 磁光调制的模拟与特性分析[J]. 西北大学学报(自然科学版), 2007, 37(5):719 – 723.

[57] 孟甜甜, 符照森, 刘辉, 等. 基于磁光调制原理的高精度测量偏转角测量方法研究与实验模拟[J]. 西北大学学报(自然科学版), 2011, 41(6):964 – 968.

[58] 李永安,李小俊,白晋涛. 正弦波与方波磁光调制的比较分析[J]. 光子学报,2007,36(s): 192 - 197.

[59] 李小俊,李永安,汪源源,等. 基于矩形波信号的磁光调制偏振测量方法[J]. 光学学报,2008, 28(8):1533 - 1537.

[60] Fu Z,Liu H,Li X,et al. Modeling and experimental study on magneto - optical modulation based on rectangular wave and sine wave[C]//2011 International Symposium on Photonics and Optoelectronics.

[61] 成相印,方仲彦,殷纯永. 磁光调制器的热分析[J]. 仪器仪表学报,1997,18(1): 33 - 37.

[62] 郭继华,朱兆明,邓为民. 新型磁光调制器[J]. 光学学报,2000,20(1):110 - 113.

[63] 底楠,赵建林,姜亚军,等. 顺磁性玻璃法拉第磁致旋光效应温度特性实验研究[J]. 光子学报, 2006,35(11):1645 - 1648.

[64] 王益军,李小俊. 没有热效应的新型磁光测试装置[J]. 大学物理,2006,25(12): 49 - 50.

[65] 郑宏志,马彩文,吴易明,等. 无机械连接方位角测量系统中磁光调制的温度适应性研究[J]. 光子学报,2004,33(5):638 - 640.

[66] 仇萍荪,郑鑫森,程文秀,等. PLZT(x/65/35)透明铁电陶瓷的制备及性能研究. 功能材料,2004, 28(s):1522 - 1524.

[67] 吴易明,高立民,李明,等. 一种玻璃材料内应力精密测定的方法[J]. 光子学报,2010,39(3):490 - 493.

[68] Lin W,Yu T,Lo Y,et al. A hybrid approach for measuring the parameters of twisted - nematic liquid crystal cells utilizing the Stokes parameter method and a genetic algorithm[J]. Journal of Lightwave Technology, 2009,27(18):4136 - 4144.

[69] Lin C,Yu C,Li Y,et al. High sensitivity two - frequency paired polarized interferometer in Faraday rotation angle measurement of ambient air with single - traveling configuration[J]. Journal of Applied Physics, 2008,104(3):033101 - 1 - 4.

[70] 王全保. 磁光旋向横向线性调制测量直线度方法的研究[D]. 西安:西安理工大学,2006.

[71] 沈骁,钱晨,梁忠诚. 基于磁光调制的二元溶液浓度检测技术研究[J]. 光电子·激光,2010,21(7): 1044 - 1047.

[72] 杨伟红,宋锦春. 基于旋光效应的油雾浓度检测研究光电工程[J]. 2011,38(3):52 - 57.

[73] Deng X,Li Z,Peng Q,et al. Research on the magneto - optic current sensor for high - current pulses [J]. Review of Scientific Instruments,2008,79:083106 - 1 - 4.

[74] Lin H,Lin W,Chen M,et al. Fiber - optic current sensor using passive demodulation interferometric scheme [J]. Fiber and Integrated Optics,1999,18(2):79 - 92.

[75] 郭晓松. 导弹瞄准技术[M]. 西安:第二炮兵工程大学出版社,2013:290 - 292.

[76] 郑少波,赵清. 物理光学基础[M]. 北京:国防工业出版社,2009:156 - 175.

[77] 张洪欣,高宁,车树良. 物理光学[M]. 北京:清华大学出版社,2010:157 - 172.

[78] 范玲. 调制偏振光在光学精密测量和方位信息传递中的应用研究[D]. 北京:北京邮电大学,2006.

[79] 范玲,宋菲君. 调制偏振光及空间正交方位信息传递系统物理模型[J]. 物理,2007,36(5): 391 - 394.

[80] 范玲,宋菲君. 基于调制偏振光的空间正交方位信息传递系统[J]. 光学技术,2007,36(5): 166 - 168.

[81] 王文倩,吕福云,盛秋琴,等. 利用电光效应实现方位信息传递的理论与误差分析[J]. 量子电子学报,

2003,20(5):603 - 606.

[82] Chen J,Qiao S. Light modulation combining pockels effect with Faraday effect and its functions[J]. Journal of China University of Mining & Technology,1996,6(2):104 - 113.

[83] 陈新桥,徐寿喜,梁显锋. 基于电光调制和磁光调制的组合光调制的研究[J]. 中南民族大学学报（自然科学版）,2002,21(1):1 - 4.

[84] 陈新桥,陈纪东,乔松. 一种基于组合光调制的光测电度表的设计[J]. 光电子·激光,2002,13(5):474 - 476.

[85] 陈新桥,袁庆华,段小平. 组合光调制的矩阵分析[J]. 鄂州大学学报,2001,8(4):54 - 56.

[86] 陈新桥,乔松. 组合光调制中矢量分析方法[J]. 大学物理,2001,20(12):28 - 39,34.

[87] Li C,Yoshino T,Cui X. Magneto - optic sensor by use of time - division - multiplexed orthogonal linearly polarized light[J]. Applied Optics,2007,46(5):685 - 688.

[88] Abe M,Shimosato M,Kozuka Y,et al. Magnetooptic current field sensor with sensitivity independent of ver- det constant and light intensity[J]. IEEE Translation Journal on Magnetics in Japan,1991,6(5):402 - 407.

[89] Jin L,Yonekura K,Takizawa K. Fast and simultaneous measurement of both birefringence and azimuth angle using a y - cut LiNbO₃ phase modulator[J]. Japanese Journal of Applied Physics,2006,45(6A):5244 - 5247.

[90] 吴易明,高立民,陈良益. 基于偏振光的精密角度测量及传递技术[J]. 红外与激光工程,2008,37(3):525 - 529.

[91] Kikushima K,Fujiwara T,Ikeda S. Cascaded modulation scheme and its application to optical multi - chan- nel signal transmission system[J]. IEICE Trans Commun,2007,E90 - B(2):195 - 208.

[92] Li S,Yang C,Zhang E,et al. Compact optical roll - angle sensor with large measurement range and high sensitivity[J]. Optics Letters,2005,30(3):242 - 244.

[93] 刘式适,刘式达. 特殊函数论[M]. 北京:气象出版社,2002.

[94] 杨志勇,周召发,张志利. 贝塞尔函数展开对空间方位失调角测量误差的影响[J]. 应用光学,2012,33(3):461 - 465.

[95] 杨志勇,黄先祥,周召发,等. 基于正弦波磁光调制的方位角精确测量方法[J]. 光学学报,2012,(32(10)):1012001 - 1 - 5.

[96] 杨志勇,周召发,张志利. 基于正弦波磁光调制的空间方位角传递技术的改进[J]. 光学·精密工程,2012,20(4):693 - 699.

[97] 刘礼刚,曾延安,常大定. 基于FPGA的反正切函数的优化算法[J]. 微计算机信息,2007,23(17):203 - 204,289.

[98] 杨志勇,黄先祥,周召发,等. 基于磁光调制偏振光的空间方位角高精度测量新方法[J]. 光学学报,2011,31(11):1112008 - 1 - 5.

[99] 周召发,杨志勇,张志利. 一种基于正弦波磁光调制的空间大范围方位自动对准方法[J]. 中国激光,2012,39(4):0408002 - 1 - 7.

[100] 杨志勇,等. 利用原始光强信号实现空间方位失调角高精度传递新方法[J]. 光学学报,2012,32(1):0112006.

[101] 杨志勇,等. 基于三角波磁光调制的空间方位信息测量系统[J]. 光学学报,2015,35(5):s112003.

[102] Yang Z,Huang X,Zhou Z,et al. The application rule of simple symmetrical wave signal magneto - optical

modulation in spatial azimuth measurement[J]. Optik,2014,125(3):1042 – 1048.

[103] Yang Z,Huang X,Zhou Z,et al. The application rule of half – wave signal magneto – optical modulation in spatial azimuth measurement[J]. Optik,2014,125(18):5363 – 5368.

[104] Yang Z,Cai W,Huang X,et al. The application rule of multi – frequency sine wave compound modulation in measuring spatial roll angle[J]. Optik,2017,134(4 – 1):194 – 202.

[105] Yang Z,Huang X,Zhou Z,et al. The application of same – frequency sine wave compound modulation in azimuth measurement system[J]. Lasers in engineering,2013,26(1 – 2):115 – 125.

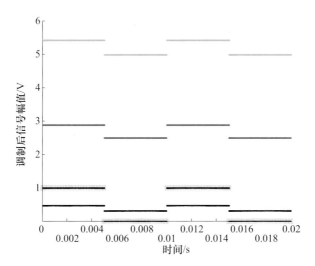

图 5.1 方位角分别为 1°、10°、45° 时半波方波调制信号与调制后混合信号对比图

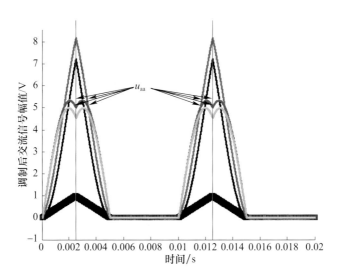

图 5.9 方位角分别为 1°、10°、43°、44.9° 时半波三角波调制后的交流信号

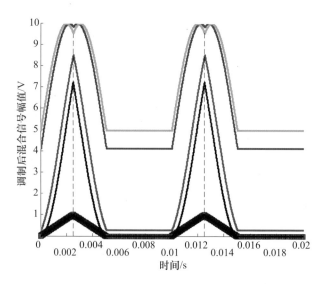

图 5.10 方位角分别为 1°、10°、40°、44.9°时半波
三角波调制信号与调制后的混合信号

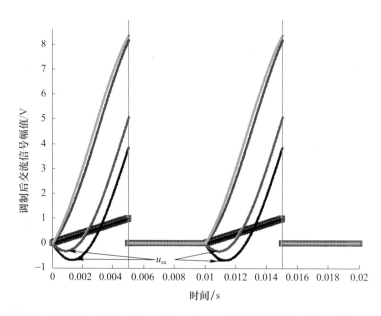

图 5.11 方位角分别为 −15°、−10°、10°、15°时半波锯齿波调制后的交流信号

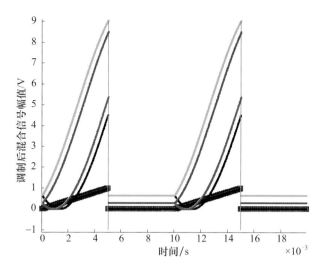

图 5.12　方位角分别为 1°、10°、40°、44.9°时半波锯齿波调制后的混合信号

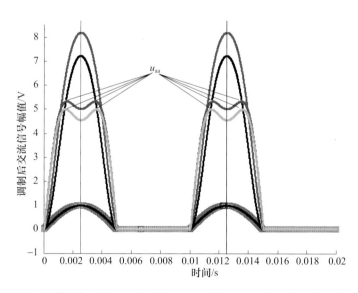

图 5.13　方位角分别为 1°、10°、43°、44.9°时半波正弦波调制后的交流信号

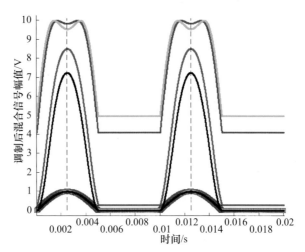

图 5.14 方位角分别为 1°、10°、40°、44.9°时半波正弦波调制后的混合信号